职业教育教材·交通运输大类
行业紧缺人才、关键岗位从业人员培训教材
航空运输类、铁道运输类、水上运输类、城市轨道交通类专业适

乘务人员形体训练

（修订本）

主　编　张雨晴　秦　颖
副主编　张　颖

北京交通大学出版社
·北京·

内 容 简 介

本书分为四个项目，即形体训练基础、仪态塑造、姿态塑造、气质塑造。每个项目又含有多个任务，在任务分析的基础上明确各个任务的技能、技巧。

本书适合作为职业院校相关专业的教材，也可作为企业培训教材，同时可供社会读者参考。

图书在版编目（CIP）数据

乘务人员形体训练／张雨晴主编．—北京：北京交通大学出版社，2020.3（2025.2重印）

ISBN 978-7-5121-4183-4

Ⅰ.①乘…　Ⅱ.①张…　Ⅲ.①民用航空-乘务人员-形体-训练　Ⅳ.①F560.9

中国版本图书馆CIP数据核字（2020）第040313号

乘务人员形体训练

CHENGWU RENYUAN XINGTI XUNLIAN

策划编辑：刘　辉　　责任编辑：刘　辉

出版发行：北京交通大学出版社　电话：010-51686414　http://www.bjtup.com.cn

地　　址：北京市海淀区高梁桥斜街44号　邮编：100044

印 刷 者：北京虎彩文化传播有限公司

经　　销：全国新华书店

开　　本：185 mm×260 mm　印张：14.25　字数：302千字

版 印 次：2023年1月第1版第1次修订　2025年2月第3次印刷

定　　价：65.00元

本书如有质量问题，请向北京交通大学出版社质监组反映。对您的意见和批评，我们表示欢迎和感谢。

投诉电话：010-51686043，51686008；传真：010-62225406；E-mail：press@bjtu.edu.cn。

前言
preface

形体训练是在体育学的基础上产生并不断发展和完善的，其已成为职业院校相关专业（民航、铁道、城市轨道交通、邮轮类专业）的一门必修课程。乘务人员形体训练课程根据各专业的人才培养目标，对学生进行形体美的理论传授和技能训练，以塑造优雅端庄的职业形象，因此，乘务人员形体训练课程受到学生们的青睐。

形体训练是有意识地进行强身健体的肢体活动，通过科学的训练，掌握相关的训练理论和训练技能，改善肢体的协调性、柔韧性、灵活性，从而增强体质、塑造体型、陶冶情操、提升气质，形成职业岗位所需要的个人形象和职业形象，具备在行业内可持续发展的能力。

本书分为四个项目，即形体训练基础、仪态塑造、姿态塑造、气质塑造。每个项目又含有多个任务，在任务分析的基础上明确各个任务的技能、技巧。每个项目中都有“内在素质提升”的内容，意在培养学生良好仪态的同时，引导学生塑造良好的内在气质。本书以引导学生形成好习惯为主旨，在形体训练中强调通过重复的行为以形成习惯。学生在欣赏美、创造美，获得成就感的同时，增强了职业能力。

本书由张雨晴、秦颖担任主编，张颖担任副主编。

由于编者水平有限，本书难免存在不妥之处，恳请专家和读者批评指正。索取本书相关教学资源可从出版社网站（http://www.bjtup.com.cn）下载，或与出版社编辑刘辉联系（电子邮箱 cbslh@jg.bjtu.edu.cn；QQ39116920）。

编　者

2023 年 1 月

目 录
contents

项目一　形体训练基础……1

任务　形体训练认知……3

项目二　仪态塑造……15

任务一　站姿训练……17

任务二　坐姿训练……27

任务三　走姿、蹲姿训练……37

任务四　手势及常用见面礼节训练……47

任务五　表情训练……59

项目三　姿态塑造……79

任务一　身体各部位动作训练……81

任务二　扶把训练……97

任务三　基本步伐训练……113

任务四　身体骨骼畸形矫正训练……125

项目四　气质塑造……147

任务一　健美操训练……149

任务二　瑜伽训练……173

任务三　华尔兹训练……189

参考文献……221

项目一 形体训练基础

学习情境

在进行形体训练实训前，必须对形体训练基础知识有所了解，否则直接进行形体的各项训练难以体会形体训练的本质，对训练动作的理解也限于表面，无法领会形体训练的精髓，形体训练实景如图1-1所示。

图 1-1 形体训练实景

项目技能目标

1. 能够运用形体与形体训练的概念树立健康的形体审美观；
2. 懂得科学的训练原则和方法，从思想上做好形体训练的准备。

任务 形体训练认知

任务描述

以小组为单位进行形体训练基础知识的学习。

1 每位同学查找形体概念的资料。

2 每位同学查找形体训练概念的资料。

3 每位同学总结形体训练的特点与内容。

4 每位同学总结形体训练的作用与基本要求。

任务分析

一名优秀的乘务人员，应当具备良好的身体素质。乘务人员的工作强度普遍较高，需要健康的身体素质来应对。形体训练便是通过对身体机能的锻炼来促进身体的健康，从而确保为乘客提供高质量的服务。

形体在日常生活中一般被称为“身材”，是人体在正常情况下的体形状态和身体姿态。形体美是人体在先天遗传性和后天获得性的基础上完善的结果，是良好的体形、体姿及心理状态共同显现出来的自然美。形体训练即以人的身体练习为基本手段，根据人体结构和运动规律，通过系统、有针对性的练习来塑造体形。

知识结构图

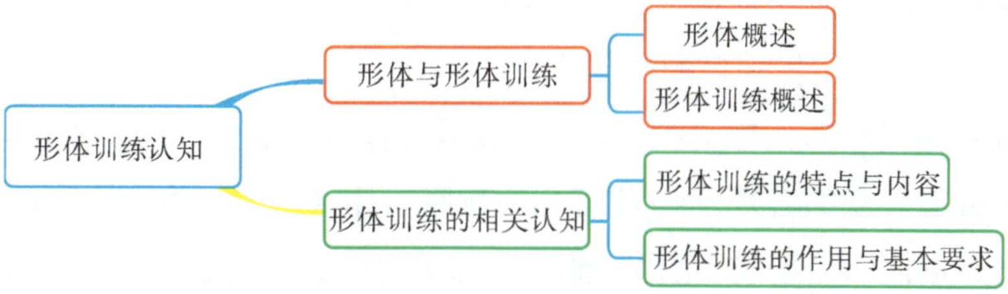

核心理论与技能

一 形体与形体训练

（一）形体概述

形体有两种含义，一是指身体、体态；二是指形状和结构。本书中的形体主要指人体形态和体质。形体是人在先天遗传和后天获得的基础上所表现出来的身体形态上的相对稳定的特征。形体是人体美的一种艺术表现形式，而艺术是指富有创造性的方式、方法。从一定意义上说，先天遗传对形体起着决定性的作用，同时形体与后天生活条件及科学训练也有密切联系。后天科学的形体训练可以发挥个人的优点，改善不足，从而达到美化形体的效果。

形体由体格、体型和姿态三个方面构成。体格指标包括人的身高、坐高、体重、围度（胸围、腰围、臀围、臂围、腿围等）、宽度（肩宽、骨盆宽度）和长度（上、下肢长度等）等。体型是指身体各部分的比例，如上、下身长的比例，肩宽与身高的比例，各种围度之间的比例等。姿态是指人坐、立、行等各种基本活动的姿势。姿势正确、优美，不仅能衬托、体现人的整体美，还能反映一个人的气质与精神风貌。形体美主要取决于身体各部分发展的均衡与整体的和谐，形体美也是展示人的内在美的一个“窗口”。

形体美是一种综合的美，它既包含了人体外部表情、轮廓的美，又包含了人体在各种活动中表现出来的体态美。形体美是健康体格、优美姿态、完美体型相互融合的整体美。这种美可通过形体训练获得。

（二）形体训练概述

形体训练是以科学理论为基础，通过各种身体练习，以增进健康、增强体质、塑造体形、训练仪态、陶冶情操为目的的有计划、有组织的煅练过程。

形体训练是一门塑造人体美的科学，它以强身健体、美化体形、端正姿态的训练效果，赢得了社会公众的喜爱。它将音乐、舞蹈、体育融为一体，创造了一种既能锻炼身体又能塑造形体，既能陶冶情操又能进行艺术创造，既能健身又能健心的综合身体活动。

形体训练是一种高雅的健身活动，具有美感和动感，其主要通过舞蹈的基础训练达到塑造完美形体的效果。形体训练集健身、健美、健心为一体，其本质是内化道德情操，外化行为气质。它以芭蕾舞的基本训练为基础，结合了中国古典舞、中国民族民间舞、现代舞、瑜伽与礼仪训练等进行综合练习，进而塑造优美的形体，培养高雅的气质。

二　形体训练的相关认知

（一）形体训练的特点与内容

1. 形体训练的特点

形体训练是以人体形态科学为基础，以美的标准进行的一项运动，形体训练有其区别于其他体育运动的不同特点。

1）目的性

形体训练的根本目的是培养良好的身体形态。它是以培养良好形态的身体练习为主要特征的科学。形体训练的内容多为周期性的静力性活动和控制能力的练习，而非剧烈的体育运动，形体训练是一种以严格规范的形体控制练习和符合人体运动自然规律的徒手练习为基础的运动形式。

2）艺术性

形体训练具有强烈的艺术性。形体训练是一种具有美学性质的运动，其对美的感受较其他体育运动要强得多。可以说，形体训练是一种具有艺术特征的身体运动。形体训练常以丰富多彩的练习内容及形体美的表达形式、舒展优美的姿态、矫健匀称的体型、集体练习中巧妙变换的队形等方式展示强烈的美感。在形体训练中常加入音乐，将形体训练动作生动地组合起来，还可根据不同风格的乐曲，编排出不同风格、形式的形体训练动作，使整个形体训练变得生动、优美。通过形体训练，还能提高形体训练者的音乐素养，培养其良好的气质和修养。值得一提的是形体训练中常采用旋律优美的钢琴曲伴奏，而钢琴的表现力是所有乐器中最为突出的，钢琴是感受音乐美感的首选乐器，所以形体训练对于提高音乐素养具有很大的促进作用。

3）多样性

形体训练的方法、形式、项目等多种多样，适用于不同水平的练习者。从形体训练的方法上看，它是在人体解剖学、运动心理学、运动训练学、运动生理学、美学等学科理论指导下进行的，可根据不同的年龄和性别、不同的体型和体质、不同的训练目的和各自的水平，选择不同的训练方法。

从形体训练的形式上看，有局部练习，也有全身性练习；有单人练习，也有双人练习，还有集体练习；有徒手练习，也有器械练习；有站姿练习，也有坐姿练习；有节奏柔和缓慢的练习，也有节奏快、动感强的练习。

从形体训练的项目上看，有健身强体的练习；有健美体形的练习；有训练正确的站、坐、行姿态的练习；有塑造形象的着装、发式、化妆，以及言谈、举止、礼仪等方面的练习；有适合胖人减肥的练习；有适合瘦人丰腴健美的练习等。

4）适用性

形体训练不是一种高难度的技术型训练，而是适合不同年龄阶段人群的健身方法。它为练习者提供了多种多样的练习内容与科学的健身方法，不同年龄阶段的人可以根据锻炼目的，选择适合自己的练习内容，因此，形体训练具有广泛的适用性。

5）娱乐性

形体训练使人们在轻松愉快的氛围中强身健体，丰富情感，调节情绪，塑造形体。它结合了舞蹈、瑜伽、健身操等健身项目。这种具有针对性、由多种有效项目组合的健身方式相对于传统的、单一的舞蹈训练更具娱乐性。

2. 形体训练的内容

形体训练的内容包括形体素质训练、身体基本形态训练和形体综合训练三种。

1）形体素质训练

形体素质训练具有高密度、低强度的特点，主要是训练形体的控制力和表现力，它包括身体力量、柔韧性、协调性、耐力和灵活性的训练。

2）身体基本形态训练

身体基本形态训练主要是指在音乐伴奏下进行大量的徒手练习、地面练习和把杆练习，其目的是培养练习者的正确体态和完成动作的协调性、准确性，进一步改善身体形态的原始状态，逐渐形成正确站姿、坐姿、走姿及优雅举止，提高形体动作的灵活性和表达能力。

3）形体综合训练

形体综合训练主要是将有节奏的形体动作作为主要练习手段，一般采用基本舞步、舞蹈组合、韵律操、健美操、体育舞蹈等多种项目进行练习。形体综合训练可提高练习者的有氧代谢能力，促进其身体全面均衡的发展，提高节奏感、音乐表现力、形态表达能力，增强练习者的兴趣，陶冶情操，培养高雅的气质和风度，提高练习者对美的感受和欣赏能力，丰富其想象力和创造力，保持健美体形，促进优美体态的形成。

（二）形体训练的作用与基本要求

1. 形体训练的作用

形体训练对个人的身体、心理、外表都会产生相应的影响。

1）健身

形体训练是以身体训练为基本手段，增强体质，促进人体形态更加健美的一种体育运动。健美操锻炼、体态训练、柔韧练习等都能增强运动系统的功能，有益于肌肉、骨骼、关节匀称及协调地发展，有利于形成正确的体态和健美的形体，还能增强心血管系统及呼吸系统的功能，提高身体素质，达到健身的目的，为良好的形象和气质的形成奠定坚实的基础。

形体训练通过基本动作和成套动作练习，对身体各关节、韧带、各重要肌肉群和内脏器官施加合理的运动负荷，对心血管功能、身体柔韧性、协调性、力量、耐力、体重、体质等的改善都有十分显著的作用。如采用压、拉肩，以及下腰等练习来提升柔韧性；采用舞蹈、徒手及成套动作练习来训练大脑支配身体各部位同步运动的能力，改善身体的协调性；采用健美操中的仰卧起坐、快速高踢腿、跳步等来提升力量和弹跳力素质，提高动作的速度和力度；采用跑跳等练习提高耐力素质，增强体能。

人的身体是由骨骼、关节和肌肉组成的，骨骼、关节和肌肉的发育正常与否，将直接影响一个人的身体基本素质情况。经常性的形体训练能使骨质增厚，骨径变粗，骨周围的血液循环得到改善，肌肉的控制能力增强，关节更加灵活。经常进行形体训练，还将使身体变得强壮有力，改善心肺功能，提高消化系统的功能，促进皮肤的血液循环，加快新陈代谢，从而加强人体的防御能力，实现健身的目的。

2）健美

健美主要指人体的形体美，即人体外形的匀称、和谐。形体美基本上是由身高、体重和人体各部分的长度、围度及比例所决定的。通过形体锻炼的力量练习，可使身体各部分的肌肉得到协调、匀称的发展，其主要特征是身体部分肌肉特别发达、线条清晰。通过健美操的练习，可使身体各部分脂肪减少，肌肉的协调性、灵活性增强。进行系统的形体训练还能为良好的站姿、坐姿、走姿的培养打下坚实的基础，而且对于矫正身体的不良姿态，形成优美的体态有着特殊的功效。长期坚持形体锻炼可以使少年儿童形成正确的身体姿态，使青年人动作优美，体态矫健；使中年人延缓身体的衰老，保持良好的体形。

健美的形体是通过运动锻炼出来的。科学、系统的形体锻炼，可使身体协调发展，塑造理想的形体，达到良好的健美效果。

3）健心

形体训练的健身价值是显而易见的，而它的健心价值对青年人的健康成长也有着不可替代的作用。形体训练的健心作用主要包括增强音乐感、丰富想象力和创造力、锻炼顽强的意志及培养正确的审美观。形体训练可以陶冶情操、美化心灵，培养热爱生活、乐观积极的品格，激发自信心和进取心，形成豁达、乐观、开朗的良好心态，极大地促进身心的健康。

2. 形体训练的基本要求

形体训练要遵循一些基本要求，要按照合理的流程和步骤进行练习。

1）做好准备

训练前必须做好准备活动，唤醒神经、肌肉与韧带。准备活动要安排轻松自如、由弱到强的适度练习，一般 10 ～ 15 分钟为宜。训练时要穿有弹性的紧身服装或宽松的休闲服，穿体操鞋、舞蹈鞋或健身鞋，并保持整洁。

2）合理安排

形体训练要遵循人体发展的规律，根据练习者身体的实际情况来确定训练方法，有计划、有步骤地实施，逐步提高，不能急于求成，更不能虎头蛇尾，要持之以恒，较完整地掌握形体训练的有关知识和方法。

一般来说合理的锻炼时间是每次 1 ～ 1.5 小时，每周至少锻炼两次。参加形体训练还要有恰当的生理和心理负荷。运动时达到最大心率的 70% ~ 80% 效果最好，训练结束后要做调整。在做器械练习时，要有专人指导和帮助，要注意训练的安全。训练中和训练后要注意补充适当的水分。同时要注意糖、脂肪、蛋白质、维生素、矿物质等营养物质的合理搭配。同时音乐选配合适与否，直接影响形体训练的效果。形体训练时的背景音乐要旋律优美、格调高雅、富于动感，符合形体动作特点，且易于被人理解和接受。

3）全面锻炼

全面锻炼要求在形体训练时做到力量、速度、耐力、协调性、柔韧性等元素相结合，动力性与静力性练习相结合，大肌肉群和小肌肉群相结合，主动性运动部位与被动性运动部位相结合，负重练习与徒手练习相结合，全身训练与身体某部位的强化训练相结合，无氧运动与有氧运动相结合，呼吸与动作节奏相配合等，从而使全身肌肉群匀称，促进心肺功能改善和肌肉群的协调发展，使身体形态、机能等各种身体素质及心理素质等诸方面都得到和谐的发展。在全面锻炼的基础上，有目的、有意识地加强职业实用性形体训练，效果更佳。

延伸阅读

形体训练是优美、高雅的健身项目，其是通过舞蹈基础练习，结合芭蕾舞、古典舞、民族民间舞等进行的综合训练，以达到塑造人们优美的体态，培养高雅的气质，纠正生活中不正确的姿态的目的。形体训练艺术性极强，具有强大的感染力和生命力。有个成语叫："手舞足蹈"，人在高兴和激动时就会情不自禁地手舞足蹈。人类学家在研究中发现：人类在语言表达能力落后时，就已经善于用表情和手势来表达感情，所以人们最早的"语言"是用四肢和躯体做出来的动态语言。

形体训练是一个外来语，目前还未有权威的定义，狭义的定义为形体美训练，广义的定义认为只要是有形体动作的训练都可以叫作形体训练，甚至某些服务行业的程式化动作也可以称为形体训练。我们认为用形体美训练定义形体训练比较确切，也符合大多数形体训练者的意愿。人们花费大量的时间、金钱和体力进行训练，不仅是为了活动一下身体，对自身体态美的塑造才是最终目的。

任务实训

1. 能够通过教师讲解、小组讨论掌握相应知识和技能。

2. 加强团队合作能力训练，发挥每一个团队成员的能力，掌握小组讨论、分析、评价的方法，对讨论的问题进行记录和总结，完成相关讨论。

3. 每位小组成员提交关于形体训练认知的小论文。

4. 教师根据小组成员提交的小论文进行评价、打分。

形体训练认知任务实施计划表如表 1–1 所示。

表 1–1　形体训练认知任务实施计划表

任务名称	形体训练认知		
班　　级		姓　　名	
小组名称		小组组长	
小组成员			
任务时间安排（　　年　　月　　日—　　年　　月　　日）			
撰写形体训练认知的小论文			
将小论文写在此处，或将小论文打印出来，贴在此处。			

成果展示

1. 各小组选派代表做任务汇报，包括任务的分析、资料的收集、计划的制订、分工的方案、对本组成员的小论文进行总结、归纳。

2. 小组全体成员提交形体训练认知小论文。

评估反馈

对形体训练认知的学习成果进行评估、反馈并填写表 1-2。

表 1-2　形体训练认知评估、反馈表

任务名称	形体训练认知		
班　　级		姓　　名	
小组名称		小组组长	
小组成员			
资料收集情况（15 分）			
计划制订情况（15 分）			
计划实施情况（15 分）			
成果展示情况	形体训练认知小论文（55 分）		
小组自评（30%）			
小组间互评（30%）			
教师评价（40%）			
总分			

项目思考与练习

1. 谈谈形体训练的概念。
2. 形体训练的特点与内容是什么？
3. 形体训练的作用与基本要求是什么？

内在素质提升

一 内在美的概述

1. 内在美的含义

内在美是指人内心世界的美，是人的思想、品德、情操、性格等内在素质的具体体现，所以内在美也叫心灵美。它包括人生观、人生理想、思想觉悟、道德情操、行为毅力、生活情绪、文化修养等。

2. 内在美的核心

正确的人生观和人生理想是人的内在美的核心。不同时代、不同阶层有着各种各样的人生观和人生理想。衡量内在美，是有客观的社会标准的，也就是看是否有利于人的创造能力的发挥和人的全面发展，是否有利于人类物质文明和精神文明的进步，是否符合大多数人民的利益和要求。古今中外都是赞美先人后己、为天下谋幸福的人生理想，因为它超越了“趋利避害”的生物本性，而表现了人的自由、自觉的创造本质，虽然这种人生理想在各个时代、各个阶级有着各自的具体内容，但都起着推动人类社会进步的作用，因而都是美的。

二 内在美的内容和作用

1. 内在美的重要内容

高尚的品德和情操也是人的内在美的重要内容。品德是人的自觉的道德意识、道德行为；情操是由思想、感情、意志等构成的相对稳定的心理状态。它们都受人生观的指导和制约，都通过人们的言、行表现出来。品德优秀、情操高尚的人，必定具有美的心灵。当前应提倡文明礼貌、爱护公物、遵纪守法等社会公德；提倡爱岗敬业、诚实守信、回报社会等职业道德；提倡尊老爱幼、男女平等、邻里团结等家庭美德。这些对于塑造人的内在美具有重大意义。

丰富的学识和修养，也是人的内在美所不可缺少的。特别是在科学技术迅猛发展的今天，博学多闻、聪慧能干、富有修养的人，为人们所尊敬、仰慕。那些不畏崎岖、险途，勇攀科学高峰，用自己的知识为人类的文明建设做出贡献的专家、学者，其内心世界是美的。现代人要不断丰富自己的学识、修养，使内在美更加充实完善。

2. 内在美的作用

（1）内在美在人的美中起主要的决定性作用，这是因为人的力量，人的自由、自觉的创造能力，人的智慧，人的情感等，在内在精神美里能得到最充分、最直接的体现。外在美是现象、形式，不起主要作用；内在美是本质、是内容，从根本上决定了一个人的美与丑。

（2）内在美比外在美所形成的美感更强烈、更持久、更深刻。外在美易于被人发现，也易于被人遗忘，其所引起的美感是变动的、不确定的，易逝的，因而也是不深刻的；心灵美则能给人以长时间的、强烈的、深刻的感受。

（3）内在美具有宝贵的社会价值。人的美的价值存在于为社会、为人类所做的贡献之中。一个人的思想行为愈有利于社会、他人，就愈高尚、愈美，个人存在的社会价值就愈大。

二　提高内在美的方法

1. 做个情感丰富的人

一个有魅力的人肯定不会是一个感情贫乏的人。善于表达自己的感情，可以更好地发挥自己的魅力，多抽空与朋友交流，这样能更快乐。了解自己的情感变化，就能更好地控制情绪，也可以更好地表达思想。

2. 说动听的话

不要矫情或者闷头苦想，而是要使自己的语言更加丰富、有感染力。动听的话可以更好地表达自己的感受，丰富的词汇可以使人思想受到更大的冲击，让人印象深刻。

3. 做一个有原则的人

内心给自己定一个原则，用另外一个自己来约束自己，告诉自己什么是对，什么是错，经常进行自省和反思，不断地约束和教育自己，保持自己独立的人格，不做一个随波逐流的人。

4. 学会随时代的变化而改变自己

世界每时每刻都在变化，要有敏锐的感知能力，了解时代的潮流，根据时代的潮流改变自己，但是不是随所有的潮流改变自己，这需要有一定的判断能力，判断之后再改变自己。保持对新鲜事物的开放心态，乐于接受新事物，不游离于社会之外。

5. 学会放松自己

不随波逐流，不墨守成规，做最真实、最自然的自己，放松自己的身心，才能更好地展现自己的魅力。

6. 多运动

运动可以使人看上去更加精神、健康，我们不欣赏病态的美，健康的身体对于展现自我魅力尤为重要。

项目二　仪态塑造

学习情境

在工作场合，工作人员的职业仪态要符合约定俗成的行为规范，做到“坐有坐相、站有站相”。职场人士的仪态具体包括规范的站姿、优雅的坐姿、正确的走姿、恰当的手势、真诚的表情，等等。工作人员的职业仪态要给人以文明、优雅、敬人的感觉。文明就是借助自然大方、得体适度的职业仪态来展现自己良好的文化教养；优雅就是借助风度翩翩、颇具魅力的职业仪态展现自己气质的高雅脱俗；敬人就是借助规范美观的职业仪态来体现对对方的尊重、友好与善意。仪态训练实景如图2-1所示。自然、优雅、大方的职业仪态不是天生就有的，我们应当积极主动地进行仪态训练，掌握职业仪态规范，矫正不良习惯，达到自然美与修饰美的最佳结合。

图 2-1　仪态训练实景

项目技能目标

1. 能够掌握规范的职业仪态的动作要领及相关理论；
2. 能够掌握自然大方、规范的职业仪态动作，塑造良好的职业形象；
3. 培养信息处理的能力、分析判断问题的能力；培养较强的记忆力、观察力、自我控制力，以及与他人合作的能力。

任务一　站姿训练

任务描述

以小组为单位进行规范的站姿的训练。

1. 每位同学用相机或手机等工具拍下生活中同学、路人的站姿。
2. 每位同学用相机或手机等工具拍下工作中职场人士的站姿。
3. 每位同学通过网络、书籍等途径查找自然大方、规范的站姿的动作要求。
4. 小组内讨论、分析、比较各种站姿。
5. 小组制订站姿训练计划。
6. 实施站姿训练计划。
7. 以小组为单位进行成果展示，要求将各种姿势编排成动作组合并有语言的介绍，整套动作组合配合音乐完成。
8. 评估反馈。

任务分析

规范的站姿，是一种静态美，给人精神饱满、信心十足、积极向上的好印象。站姿男女有别，男性要注意表现出刚健、英武、潇洒的风采，力求给人一种阳刚之感。女性要注意表现出娴静、典雅、亭亭玉立、楚楚动人的温柔之美。

知识结构图

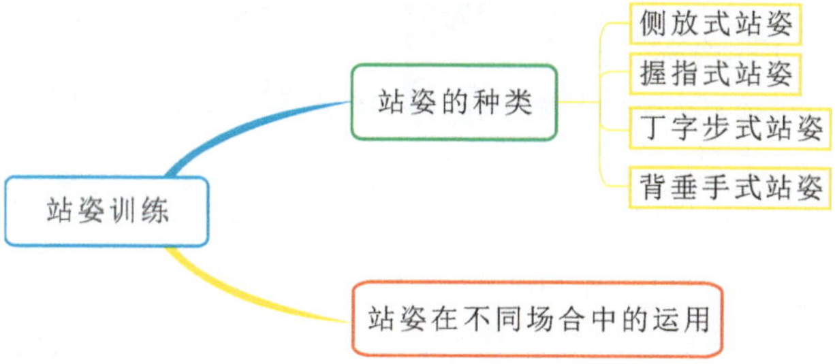

核心理论与技能

一 站姿的种类

（一）侧放式站姿

侧放式站姿也叫标准站姿，其动作要领是：表情自然（微笑），目光平视，微闭嘴唇，收下颌，两肩要平，稍向后展，胸向前上方自然地挺拔，收腹立腰提臀；两臂自然下垂于身体两侧，手指并拢微屈，两膝并拢，脚跟相靠，两脚夹角为 30 度左右，身体重心在两腿之间，稍前倾。侧放式站姿如图 2-2 所示。

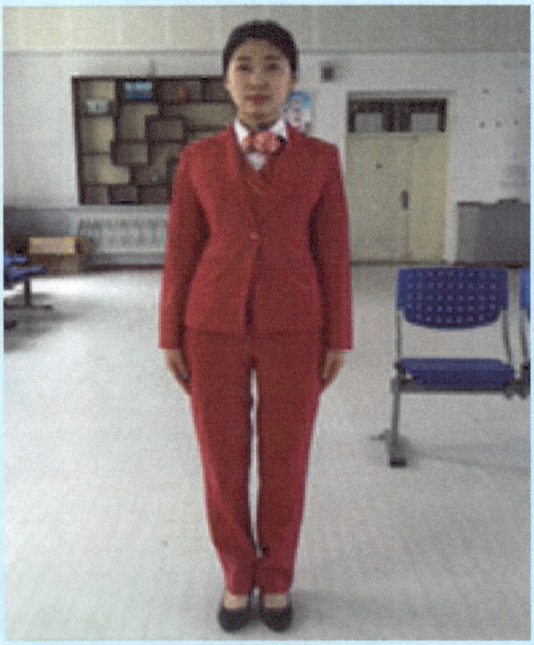

图 2-2 侧放式站姿

（二）握指式站姿

握指式站姿分为腹前握指式站姿和背后握指式站姿。

1. 腹前握指式站姿

腹前握指式站姿是在标准站姿的基础上，两臂屈肘于腹前，两手互握于人体的中轴线上，右手握左手手指部位，两手拇指内扣，握力适当，勿深握或浅握，也可将两手臂稍上提至腰间。腹前握指式站姿如图 2–3 所示。

图 2–3　腹前握指式站姿

男子采用腹前握指式站姿时，可以将两脚开立，距离约与肩同宽，两臂前摆于体前自然下垂，两手互相搭放。

腹前握指式站姿是一种常用的接待站姿，可以体现出对对方的尊重。

2. 背后握指式站姿

背后握指式站姿是在标准站姿的基础上，两臂后摆，双手于体后互握，置于臀部，两臂肘关节自然内收。男子采用背后握指式站姿时，还可以两脚开立，距离不超过 20 厘米。这种站姿略带威严，易产生距离感。安检、保安等岗位的工作人员可以采用此种站姿。背后握指式站姿如图 2–4 所示。

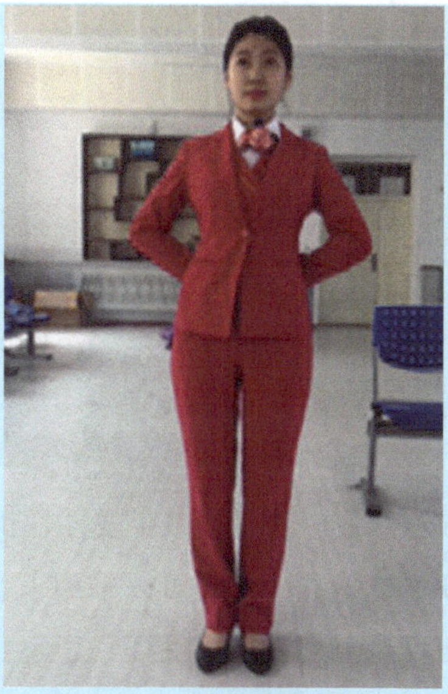

图 2–4　背后握指式站姿

（三）丁字步式站姿

丁字步式站姿只适用于女性，其是在标准站姿的基础上用丁字步站立，即左（右）脚在前，左（右）脚脚尖指向正前方，左（右）脚脚跟靠在右（左）脚的脚弓部位内侧，右（左）脚的脚尖指向右（左）方向。女性一般在主持文艺活动、联欢会时采用这种姿态以显出婷婷玉立的女性魅力。丁字步式站姿如图 2–5 所示。

图 2–5　丁字步式站姿

（四）背垂手式站姿

背垂手式站姿是在标准站姿的基础上，两脚既可以并拢也可以分开，将一手臂背在后面贴于臀部，另一手臂自然下垂，手自然弯曲，中指对准裤缝。服务行业的工作人员多采用这种站姿以显得大方、自然、洒脱。背垂手式站姿如图 2–6 所示。

图 2–6　背垂手式站姿

三、站姿在不同场合中的运用

在不同场合下要采用不同的站姿。在升国旗、奏国歌、接受奖品、接受接见、致辞等庄严的仪式中，应采用严格的侧放式站姿，而且神情要严肃；在发表演说、新闻发言、做报告等情况下，在采用侧放式站姿的同时，为了减轻由于较长时间站立导致双腿的疲倦，可以双手支撑在讲台上，两腿轮流放松；主持文艺活动、联欢会时，双腿并拢站立，女士可以采用丁字步式站姿，让站立姿态更加优美。礼仪接待人员，一般可以采用侧放式站姿、丁字步式站姿或握指式站姿。无论哪一种站姿，切忌双手抱胸或叉腰，也不可将手插在衣、裤袋内，因为这些动作都是傲慢和懒散的表现。

延伸阅读

形体美的基本特征

人体形体美的基本特征可归纳为：动态美、静态美、音韵美、修饰美、气质美。它们各具美的特征，形成统一的整体美，从而达到动态美与静态美的统一、内在美与外在美的统一，局部美与整体美的统一。

“外修内悟，内修外展”是指导人体形体美实践的原则。通过系统的理论知识学习和有关动态美、静态美、音韵美的形体训练，引导学生发挥潜在机能，培育发现美、认识美、创造美的能力，增强整体和谐的意识，在不断的训练中，塑造良好的形象，体现自身的价值。

一般来说，形体美是通过四个阶段来逐步达到良好的训练效果的。第一个阶段为“了解规律，认识自我”，即学习理论知识；第二个阶段为“遵循规律，调整自我”，即确立良好的形体美的概念并进行自我练习；第三个阶段为“运用规律，形成自我”，即将确立的良好的形体运用到实际工作和生活中并形成习惯；第四个阶段为“掌握规律，展示自我”，即能自然、自如地展示具有自我个性特色的良好形体。

衡量形体美的基本标准如下：

（1）五官端正，肤色红润，皮肤细腻并有光泽；

（2）身体生长发育良好；

（3）肌肉均衡、发达，线条清晰，富有弹性；

（4）身体各部位围度正常、比例适度；

（5）脊柱正直，双肩对称，姿态规范、端庄。

美国艺术史学家潘诺夫斯基深刻地指出，美，不在于各种成分，而在于各个部位和谐的比例。艺术大师笛卡尔也说，恰到好处的适中与协调就是美。以身材高矮胖瘦为例，美与不美关键是看身高与体重的比例是否恰当，比例失调不能产生美感，比例适中则给人以和谐匀称的美感，所谓“环肥燕瘦”就是这个道理。此外，一个人尽管身体各部分比例适当，却站无站相，坐无坐相，走起路来耸肩弓背，摇摇晃晃，又怎能让人产生美感呢？姿态美对充分表现体型美、烘托体型美起着重要的作用。在鉴别与评价形体美时，切不可把体格、体型、姿态三大要素割裂开来，必须着眼于整体，全面综合地分析。在塑造形体美时，要根据本身的条件，从整体美的角度出发，进行形体训练，才能实现美化形体的愿望。

形体美是融健康的体魄、健美的体型、良好的姿态、高雅的气质风度为一体的一种综合性的人体美。形体美的塑造是一个系统工程，不但要有持之以恒的决心，还需要把握合理的锻炼时间和掌握适宜的训练方法，只有这样才能有的放矢，事半功倍，用较少的时间取得最佳的效果。

学 习 笔 记

任务实训

1. 小组成员互相合作，按照已制订好的计划来实施，在实施中不断地完善计划方案。

2. 教师监控整个计划的实施过程，当发现小组成员有困难时给予一定的帮助。

3. 教师引导各小组用理论指导实践，按照由简单到复杂、由单个到组合的学习规律进行训练。小组成员之间要互相纠正错误动作。

4. 小组成员创作动作组合并配合音乐、语言讲解。小组成员要反复练习动作组合，进而能自然大方、规范得体地将动作组合表现出来，从而获得学习的成就感。站姿训练任务实施计划表如表 2-1 所示。

表 2-1　站姿训练任务实施计划表

<table>
<tr><td>任务名称</td><td colspan="3">站姿训练</td></tr>
<tr><td>班　　级</td><td></td><td>姓　　名</td><td></td></tr>
<tr><td>小组名称</td><td></td><td>小组组长</td><td></td></tr>
<tr><td>小组成员</td><td colspan="3"></td></tr>
<tr><td colspan="4">任务时间安排（　　年　　月　　日—　　年　　月　　日）</td></tr>
<tr><td>查阅相关资料情况</td><td colspan="3"></td></tr>
</table>

续表

对任务核心理论与技能的理解与总结	
制订训练计划	

续表

训练成果展示	
训练计划完善方案	

成果展示

1. 各小组选派代表做任务汇报，包括任务的分析、资料的收集、计划的制订、分工的方案、小组编排的规范的站姿的训练方案。

2. 小组全体成员进行规范的站姿训练的成果展示（全程拍摄视频），展示时，要有语言讲解并配合音乐完成。

3. 将成果展示视频集中存放。

评估反馈

对站姿训练的成果进行评估、反馈并填写表 2–2。

表 2–2　站姿训练评估、反馈表

任务名称	站姿训练		
班　　级		姓　　名	
小组名称		小组组长	
小组成员			
资料收集情况（15 分）			
计划制订情况（15 分）			
计划实施情况（15 分）			
成果展示情况	动作规范（40 分）	情境模拟环节（5 分）	语言讲解（10 分）
小组自评（30%）			
小组间互评（30%）			
教师评价（40%）			
总分			

任务二　坐姿训练

任务描述

以小组为单位进行优雅的坐姿的训练。

1. 每位同学用相机或手机等工具拍下生活中同学、路人的坐姿。
2. 每位同学用相机或手机等工具拍下工作中职场人士的坐姿。
3. 每位同学通过网络、书籍等途径查找自然大方、优雅的坐姿的动作要求。
4. 小组内讨论、分析、比较各种坐姿。
5. 小组制订坐姿训练计划。
6. 实施坐姿训练计划。
7. 以小组为单位进行成果展示，要求将各种姿势编排成动作组合并有语言的介绍，整套动作组合配合音乐完成。
8. 评估反馈。

任务分析

优雅的坐姿要求“坐如钟”，即坐相要像钟一样端正，这是一种静态美。规范坐姿的要求是：坐得端正、稳重、自然、亲切，给人一种舒适感。大多数工作岗位的坐姿都强调自然放松、面带微笑。

知识结构图

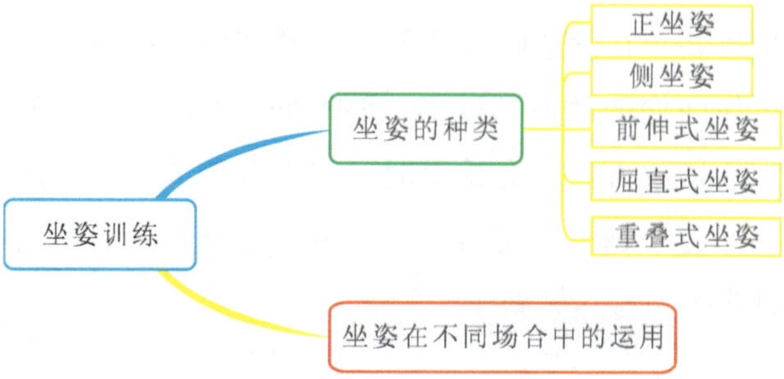

核心理论与技能

一 坐姿的种类

（一）正坐姿

正坐姿一般在与对方面对面坐着交谈时采用。正坐姿的动作要领是：轻缓地走到座位前面转身，右脚后退半步，然后上身稍前倾，轻轻地、稳当地坐下，臀部坐椅面的前半部分或三分之二处；坐下后，上身正直，目光平视，双肩平正，两臂自然弯曲，两手交叉叠放在两腿中部并靠近小腹；两膝并拢，小腿垂直于地面，两脚跟靠拢；坐下后，男子两腿可以开立，但不大于肩宽，女子则不宜将两腿分开。正坐姿如图 2–7 所示。

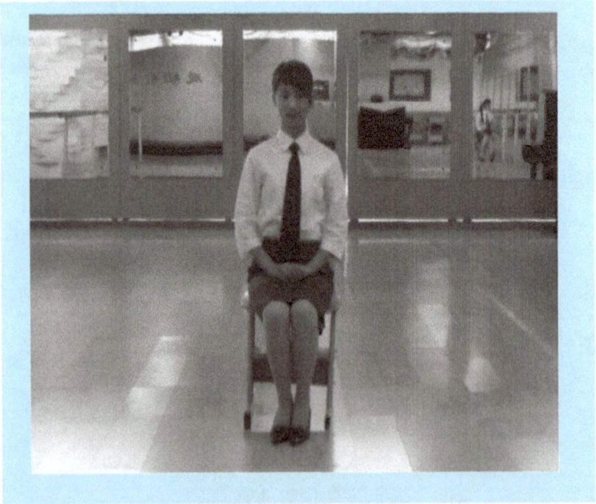

图 2–7　正坐姿

如果女子穿的是裙装，在落座时要用双手把臀部位置的裙子拢一下，以防裙子坐出褶子或因裙子被折住而使腿部裸露过多。要根据凳面的高低及有无扶手与靠背，选择两手、两腿、两脚的摆放方法，有扶手时，双手轻搭或一搭一放；无扶手时，两手交叉或轻握或呈八字形置于腿上，也可以左手放在左腿上，右手搭在左手背上；凳面过高或过低时，两腿并拢，自然倾斜于一侧。

（二）侧坐姿

侧坐姿是在比较友好的氛围中，与客人处于同侧交谈的情况下采用的。侧坐姿分左侧坐姿和右侧坐姿两种。侧坐姿是在保持正坐姿的基础上，双脚和臀部左摆 45 度，左摆移动时，两脚跟稍提，脚趾点地，动作要轻，两膝靠拢；右手扶在左手手背上。右侧坐姿的要领同左侧坐姿，方向相反。侧坐姿如图 2–8 所示。

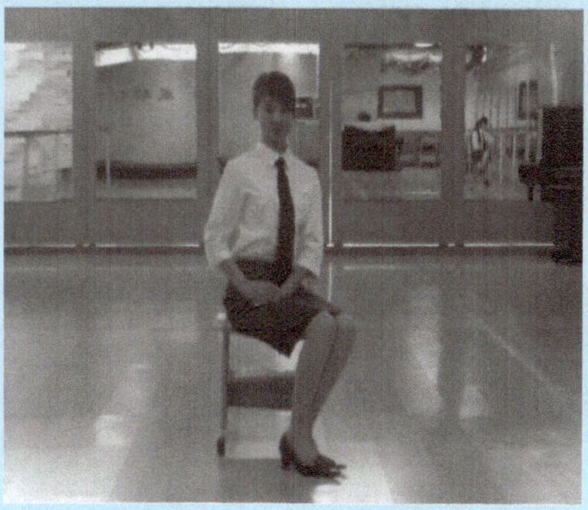

图 2–8　侧坐姿

（三）前伸式坐姿

前伸式坐姿是在正坐姿的基础上，两小腿向前伸出约一步远的距离，脚尖不跷起。

（四）屈直式坐姿

屈直式坐姿是在正坐姿的基础上，左脚稍前伸，右小腿向后屈回，大腿靠紧，右脚前脚掌着地，两脚在一条直线上。屈直式坐姿如图 2–9 所示。

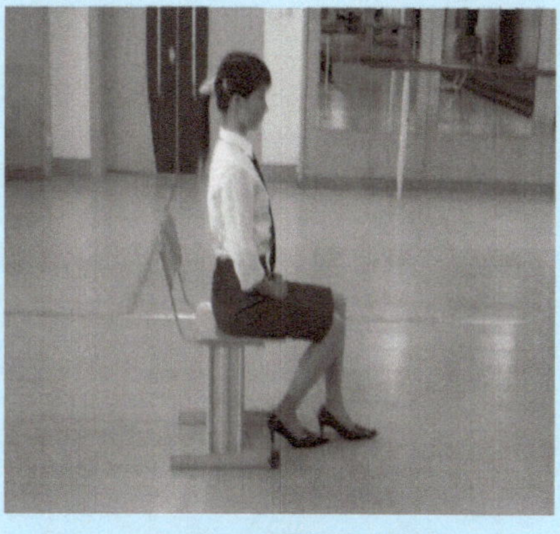

图 2–9　屈直式坐姿

（五）重叠式坐姿

重叠式坐姿也叫二郎腿式坐姿、悬挂式坐姿，它是在正坐姿的基础上，以一条腿为支撑腿，另一条腿提起，挂在支撑腿上边，要注意挂在上边的腿向里收，贴住支撑腿，脚尖向下，两腿完全贴紧，男子可将大腿贴紧，但小腿不必完全贴紧。在正式的场合中，一般不采用重叠式坐姿，但在社交场合，女士采用这种坐姿显得优美文雅，大方自然，富有亲近感，还能充分展示女士的风采和魅力。重叠式坐姿如图 2-10 所示。

图 2-10　重叠式坐姿

二、坐姿在不同场合中的运用

在不同场合下要采用相应的坐姿。谈判、会谈时，一般比较严肃，适合采用正坐姿，双手放在桌上、腿上均可；倾听他人的教导时，对方又是长者、尊者、贵客，坐姿可采用正坐姿或侧坐姿，除了要端正外，还应该坐在椅面前半部分或三分之二处，身体稍前倾，表现出一种谦虚、迎合、重视对方的态度；在比较轻松、随便的非正式场合，可以采用前伸式、屈直式、重叠式坐姿，这样坐得轻松、自然，也可以适时地变换坐姿，以做休息。

延伸阅读

形体美的构成

形体美是由线条、姿态、姿态移动和静止的形态所构成的。

线条是指由头顶至脚跟所形成的一条与地面垂直的线。这条垂直线所达到高度的极限，是由全身肌肉拉长形成的具有弹性和活力的形态，给人的感觉是垂直线的顶端还在向上升，而底端又被强大的地心吸力向下吸引。在形体上，美的线条不是一种完全的自然状态，而是具有艺术气质的伸展，它给人以挺拔、有力并富有活力的美的感受。

姿态是由身体垂直线变化而产生的斜线、弧线，以及双臂和双腿与身体垂直线分离所形成的各种姿势和形态。

姿态移动和静止的形态，形成了动作和造型。前者是瞬间的时空变化，后者是较长时间的姿态停顿。

要使姿态具有艺术的表现力，须做到以下四个方面：

（1）各种具有运动路线表象的动作和造型，应是身体各部位相互组合所形成的具有丰富的情绪色彩的直接反射和流露。

（2）姿态的移动和静止的变化，应形成一条连续的路线。每一个运动路线给人留下的直观感觉，应具有不同的艺术美的效果。

（3）姿态的美与面部表情密不可分。姿态的感情色彩除了通过身体来展现，还必须配合丰富的面部表情来具体生动地体现。

（4）姿态的表现力离不开正确的呼吸状态，即所谓的气息。它是姿态是否优美、自如、富有活力的重要因素。气息在平稳与急促之间表现出不同的情绪起伏，产生多种多样的感情色彩。

法国艺术家德尔莎特为姿态、动作、造型的表现力制订过一套理论体系，其首先将人的躯干分为三个表情区域，即头部和颈部、胸部、腹部和臀部。他将四肢作为情感的张力区。在理论上提出要充分发挥这四个区域的特有表现力，他还总结出人体姿态变化的九种基本规律：

（1）人体向上、向外、向前运动为积极态度；人体向下、向内、向后运动为消沉态度。

（2）有意加强、加大力量反而显得虚弱，有意减弱力量则会显得强大。

（3）心情激动时姿态丰富，平静思索时姿态收缩。

（4）人的情绪、感觉、意念会通过表情呈现。

（5）长度表示热情，高度表示智慧，宽度表示意志力。

（6）直线富有活力，圆形表示智慧，曲线象征神秘，折线表示刺激。

（7）姿态的节奏与动作速度的适当比例形成情绪。

（8）人体反应的大小在于目标引起的情绪的强弱程度。

（9）姿态的延伸与情绪的高低成正比。

学 习 笔 记

❄任务实训❄

1. 小组成员互相合作，按照已制订好的计划来实施，在实施中不断地完善计划方案。

2. 教师监控整个计划的实施过程，当发现小组成员有困难时给予一定的帮助。

3. 教师引导各小组用理论指导实践，按照由简单到复杂、由单个到组合的学习规律进行训练。小组成员之间要互相纠正错误动作。

4. 小组成员创作动作组合并配合音乐、语言讲解。小组成员要反复练习动作组合，进而能自然大方、规范得体地将动作组合表现出来，从而获得学习的成就感。坐姿训练任务实施计划表如表 2-3 所示。

表 2-3　坐姿训练任务实施计划表

任务名称	坐姿训练		
班　　级		姓　　名	
小组名称		小组组长	
小组成员			
任务时间安排（　　年　　月　　日—　　年　　月　　日）			
查阅相关资料情况			

续表

对任务核心理论与技能的理解与总结	
制订训练计划	

续表

训练成果展示	
训练计划完善方案	

成果展示

1. 各小组选派代表做任务汇报，包括任务的分析、资料的收集、计划的制订、分工的方案、小组编排的优雅的坐姿的训练方案。

2. 小组全体成员进行优雅的坐姿训练的成果展示（全程拍摄视频），展示时，要有语言讲解并配合音乐完成。

3. 将成果展示视频集中存放。

评估反馈

对坐姿训练的成果进行评估、反馈并填写表 2–4。

表 2–4　坐姿训练评估、反馈表

任务名称	坐姿训练		
班　　级		姓　　名	
小组名称		小组组长	
小组成员			
资料收集情况（15 分）			
计划制订情况（15 分）			
计划实施情况（15 分）			
成果展示情况	动作规范（40 分）	情境模拟环节（5 分）	语言讲解（10 分）
小组自评（30%）			
小组间互评（30%）			
教师评价（40%）			
总分			

任务三　走姿、蹲姿训练

任务描述

小组为单位进行正确的走姿、蹲姿的训练。

1. 每位同学用相机或手机等工具拍下生活中同学、路人的走姿、蹲姿。
2. 每位同学用相机或手机等工具拍下工作中职场人士的走姿、蹲姿。
3. 每位同学通过网络、书籍等途径查找正确的走姿、蹲姿的动作要求。
4. 小组内讨论、分析、比较各种走姿、蹲姿。
5. 小组制订走姿、蹲姿训练计划。
6. 实施走姿、蹲姿训练计划。
7. 以小组为单位进行成果展示，要求将各种姿势编排成动作组合并有语言的介绍，整套动作组合配合音乐完成。
8. 评估反馈。

任务分析

走姿是最常用的形体姿势，其重要程度不言而喻，走姿是一个动态的过程，集实用性与优雅性于一体。乘务人员在交通工具中提供客运服务，掌握正确的走姿、蹲姿显得非常重要。

知识结构图

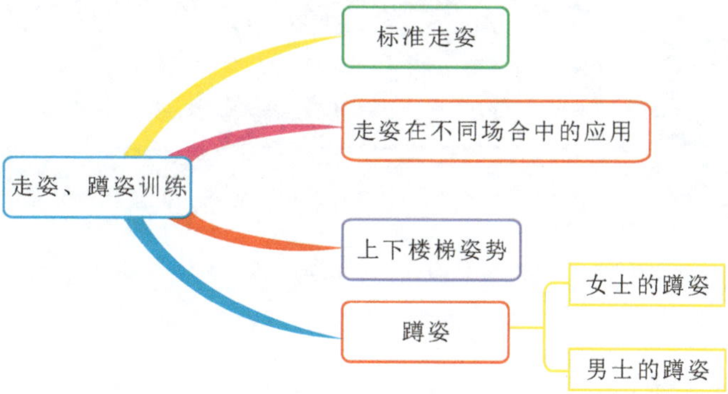

核心理论与技能

一 标准走姿

走姿是人的行走姿态，是一种动态美。人们走路的样子千姿百态，给人的感觉也有很大的差别。有的人步伐矫健、轻松、敏捷、灵活、富有弹性，令人精神振奋；有的人步伐稳健、端正、大方，给人以沉着、庄重、斯文的感觉；有的人步伐雄壮、整齐、铿锵有力，给人以英武、勇敢、无畏的印象；有的人步伐轻盈、行走如风，给人以轻巧、欢悦、柔和之感。

标准走姿的动作要领是：上身基本保持站立的标准姿势，挺胸收腹立腰，腰背笔直，头正，目光平视，用眼睛的余光注意前下方，下颌微内收；肩平，稍后张，肩勿摇晃；两臂以身体为中心，上臂带动前臂前后自然摆动，前摆约 35 度，后摆约 15 度，掌心向内，前摆勿甩前臂，后摆时，勿甩手腕；两脚交替踩迈在一条直线上，随着两腿的摆动，重心要平稳地前移，勿落后、勿靠前。男子两脚脚跟交替踩迈在一条直线上，两脚尖稍外展；女子两脚都要踏在一条直线上，脚尖指向正前方，两脚之间的距离是本人的一脚长。两脚之间的距离跟服装和鞋有一定的关系，例如，女士穿裙装（特别是穿旗袍、西服套裙）和穿高跟鞋时，两脚之间的距离要小些。标准走姿如图 2–11 所示。

图 2–11　标准走姿

二、走姿在不同场合中的运用

参加喜庆活动，步态应轻盈欢快，以反映喜悦的心情；参加吊丧活动，步态要缓慢深重，以反映悲哀的情绪；参观展览、探望病人时，不宜出声响，脚步应轻而稳；走入会场、走向话筒、迎向宾客，步伐要稳健、大方、充满热情；举行婚礼、迎接外宾等重大正式场合，脚步要稳健、节奏稍缓；办事联络，往来于各部门之间，步伐要快捷而稳重，以体现办事者的效率、干练；陪同来宾参观，要照顾来宾的行走速度并善于引路。行走时，不可把手插在衣袋里，尤其不可插在裤袋里，眼睛注意平视前方，不要左顾右盼，不回头张望，不要老是盯住行人乱打量，脚步要干净利索，有鲜明的节奏感，不可拖泥带水。

三、上下楼梯姿势

上楼时，前腿屈膝抬起，后腿微屈支撑，两脚交替踏上。两臂前后自然摆动，上体稍前倾，头摆正，目视前方，用余光注意前下方；下楼时，前腿脚踏楼梯，微微屈膝缓冲，脚趾略偏向外侧，两眼注视前下方，其他动作要领同上楼。

四、蹲姿

（一）女士的蹲姿

女士蹲姿的动作要领是：左脚在前，右脚在后向下蹲去，左小腿垂直于地面，全脚掌着地，大、小腿靠紧；右脚跟提起，前脚掌着地，左膝高于右膝，上身稍前倾，以左脚为身体的主要支点，如采用蹲姿拾取地面的物品，头部不能低于臀部。女士的蹲姿如图 2–12 所示。

图 2-12　女士的蹲姿

（二）男士的蹲姿

男士的蹲姿与女士的蹲姿大致相同，不过两腿不需要靠太紧，可以稍有一点距离。男士的蹲姿如图 2-13 所示。

图 2-13　男士的蹲姿

延伸阅读

形体健美的标准

1. 健康美

世界卫生组织认为：健康乃是一种在身体上、精神上的完满状态，以及良好的适应能力，而不仅是没有疾病的状态。健康具有以下几个特征：

（1）精力充沛，能从容不迫地应付日常生活和工作的压力而不感到过分紧张；

（2）处世乐观、态度积极，乐于承担责任；

（3）善于休息，睡眠良好；

（4）应变能力强，能适应环境的变化；

（5）能够抵抗一般性感冒和传染病；

（6）体重适当，身材匀称，站立时头、肩、臂位置协调；

（7）眼睛明亮，反应敏锐；

（8）牙齿清洁、无空洞、无痛感，牙龈颜色正常、不出血；

（9）头发有光泽，无头屑；

（10）肌肉、皮肤有弹性，走路轻松有力。

2. 形体美

绝对的美的标准是不存在的，而且也不可能存在。这是因为，在人类历史发展的过程中，形体美的标准是变化的，即使是同一时代的人，由于民族特点、种族差异、地理环境、审美习惯不同，形体美的标准也不尽相同，所以，只能根据现代社会对形体美的研究，提出以下相对稳定的评价标准。

（1）身高指数。

身高指数计算公式：

身高指数＝身高 (cm) －体重 (kg)

男子的身高基准指数为 109，女子的身高基准指数为 104。

身高指数高于身高基准指数（在一定范围内），说明形体匀称、和谐。

（2）标准体重。

标准体重计算公式：

中国北方人＝[身高 (cm)−150] × 0.6+50

中国南方人＝[身高 (cm)−150] × 0.6+48

（3）男子以股骨大转子为中心，上下身长相等；女子以肚脐为界，上下身长比例为 5∶8。

（4）男女两臂侧举时的长度约等于身高。

（5）男女两肩的宽度，约等于身高的 1/4。

（6）男女大腿长约等于身高的 1/4。

（7）男子胸围约等于身高的 1/2 加 5 cm；女子胸围约是身高的 53.4%。

（8）男子腰围约小于胸围 18 cm；女子腰围不大于身高的 1/2。

（9）男子臀围约等于胸围；女子臀围大于胸围 1~2 cm。

（10）男子大腿围约小于胸围 22 cm；女子大腿围小于腰围 8~10 cm。

（11）男子小腿围约小于大腿围 18 cm；女子小腿围小于大腿围 18~20 cm。

3. 姿态美

姿态美是人体表现各种姿势时的形态美。它与人的形体紧密相关，也受到后天环境和个人知识水平、文化素养的影响。姿态美具有以下几个特征：

（1）站立时，优美挺拔，显得精力旺盛。

（2）行走时，抬头挺胸，英姿焕发，刚劲有力。

（3）坐卧时，姿势平稳，规范端正，舒适大方。

任务实训

1. 小组成员互相合作，按照已制订好的计划来实施，在实施中不断地完善计划方案。

2. 教师监控整个计划的实施过程，当发现小组成员有困难时给予一定的帮助。

3. 教师引导各小组用理论指导实践，按照由简单到复杂、由单个到组合的学习规律进行训练。小组成员之间要互相纠正错误动作。

4. 小组成员创作动作组合并配合音乐、语言讲解。小组成员要反复练习动作组合，进而能自然大方、规范得体地将动作组合表现出来，从而获得学习的成就感。走姿、蹲姿训练任务实施计划表如表 2-5 所示。

表 2-5　走姿、蹲姿训练任务实施计划表

任务名称	走姿、蹲姿训练		
班　　级		姓　　名	
小组名称		小组组长	
小组成员			
任务时间安排（　　年　　月　　日—　　年　　月　　日）			
查阅相关资料情况			

续表

对任务核心理论与技能的理解与总结	
制订训练计划	

续表

训练成果展示	
训练计划完善方案	

成果展示

1．各小组选派代表做任务汇报，包括任务的分析、资料的收集、计划的制订、分工的方案、小组编排的正确的走姿、蹲姿训练方案。

2．小组全体成员进行正确的走姿、蹲姿训练的成果展示（全程拍摄视频），展示时，要有语言讲解并配合音乐完成。

3．将成果展示视频集中存放。

评估反馈

对走姿、蹲姿训练的成果进行评估、反馈并填写表 2–6。

表 2–6　走姿、蹲姿训练评估、反馈表

任务名称	走姿、蹲姿训练		
班　　级		姓　　名	
小组名称		小组组长	
小组成员			
资料收集情况（15 分）			
计划制订情况（15 分）			
计划实施情况（15 分）			
成果展示情况	动作规范（40 分）	情境模拟环节（5 分）	语言讲解（10 分）
小组自评（30%）			
小组间互评（30%）			
教师评价（40%）			
总分			

任务四　手势及常用见面礼节训练

任务描述

以小组为单位进行恰当的手势及常用见面礼节的训练。

1. 每位同学用相机或手机等工具拍下生活中同学、路人的手势及常用见面礼节。
2. 每位同学用相机或手机等工具拍下工作中职场人士的手势及常用见面礼节。
3. 每位同学通过网络、书籍等途径查找恰当的手势及常用见面礼节的动作要求。
4. 小组内讨论、分析、比较各种手势及常用见面礼节。
5. 小组制订手势及常用见面礼节训练计划。
6. 实施手势及常用见面礼节训练计划。
7. 以小组为单位进行成果展示，要求将各种姿势编排成动作组合并有语言的介绍，整套动作组合配合音乐完成。
8. 评估反馈。

任务分析

手势及常用见面礼节是乘务人员进行客运引导，服务乘客的必备技能，是乘务人员的“基本功”，本任务对手势及常用见面礼节进行介绍。

知识结构图

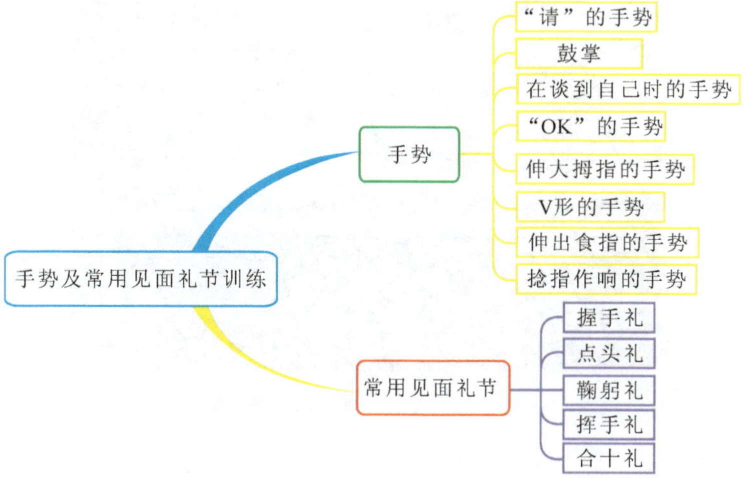

核心理论与技能

一 手势

手是人体最富灵性的器官，是人的第二双眼睛。手势在传递信息、表达意图和情感方面发挥着重要的作用，如招手致意、挥手告别、握手友好、摆手回绝、合手祈祷、拍手称快、拱手答谢（相让）、抚手示爱、指手示怒、颤手示怕、捧手示敬、举手赞成、垂手听命，等等。可见丰富的手势在人们的交往中是不可缺少的。手势美是一种动态美。得体适度的手势，给人一种含蓄、彬彬有礼、优雅自如的感觉。手势美的基本要求是自然、优雅、规范、适度，规范是指手势正确，适度是指手势不宜过多，幅度不宜过大。

常见的手势有以下几种。

（一）“请”的手势

在生活和工作中，经常要做“请”的手势，比如“请进”“请坐”“请看”，等等，一般由右手臂来完成“请”的手势动作，规范的动作应该是右（左）手的手掌自然伸直，掌心向内、向上、向侧前方，手指并拢，拇指自然稍稍分开，手腕伸直，使手与小臂成一条直线，肘关节自然弯曲，大小臂膀的弯曲度以 140 度为宜。在做“请”的手势时，要讲究柔美、流畅，避免僵硬死板、缺乏韵味，同时配合眼神、表情，使该手势显得更加协调、大方，眼睛看着目标方向，并兼顾对方是否注意到你所指示的目标。“请”的手势如图 2-14 所示。

图 2-14　“请”的手势

（二）鼓掌

在欢迎客人到来，他人发言结束，观看体育比赛、文艺演出等场合，会经常做鼓掌的动作，鼓掌时左手手心向右，四指并拢微屈，用右手手掌拍左手掌心，但不要过分用力、时间过长。鼓掌如图 2–15 所示。

图 2–15　鼓掌

（三）在谈到自己时的手势

在谈到自己时，可用右手掌轻按自己的左胸，那样会显得端庄、大方、可信。

（四）“OK”的手势

“OK”的手势是将拇指和食指合成一个圆圈，其余三指自然伸张。这种手势在西方某些国家比较常见，但应注意在不同国家其含义有所不同。“OK”的手势如图 2–16 所示。

图 2–16　“OK”的手势

（五）伸大拇指的手势

向上伸大拇指，在西方国家多表示“OK”或是搭车之意；向下伸大拇指，多表示坏人、下等人之意。在我国，向上伸大拇指表示赞同、好；向下伸大拇指表示蔑视、不好。向上伸大拇指的手势如图 2–17 所示。

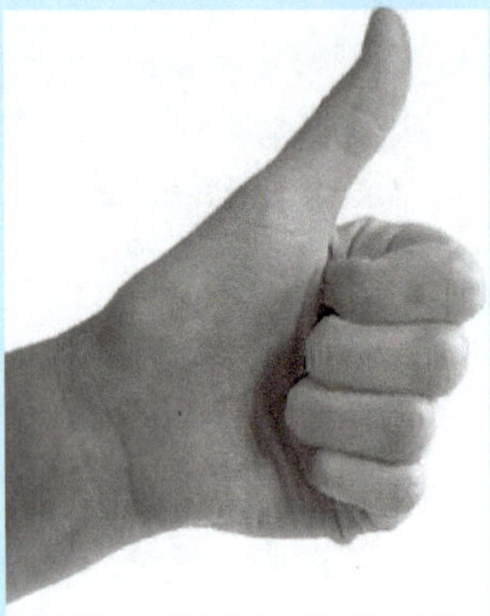

图 2–17　向上伸大拇指的手势

（六）V 形的手势

做 V 形的手势时，伸出食指和中指，掌心向外，表示胜利；掌心向内，在某些地区表示侮辱、下贱之意。这种手势还时常表示“二”这个数字。

（七）伸出食指的手势

在我国及亚洲的其他一些国家，伸出食指表示“一”“一个”“一次”等意思；在法国等国家则表示“请求、拜托”之意。使用这一手势时，一定要注意不要用食指指人，更不能在面对面时用食指着对方的面部和鼻子，这是一种不礼貌的动作，容易激怒对方。

（八）捻指作响的手势

用手的拇指和食指弹出声响，这种动作有时表示高兴或赞同，有时却是无聊之举，有轻浮之感。应尽量少用或不用捻指作响手势，其声响有时会令他人反感或显得做此手势的人没有教养，尤其是不能对异性使用此手势。

二、常用见面礼节

见面礼节是在日常交往中使用频率最高的礼节。规范地使用见面礼节，将有效地表达对对方的友好和敬意，给人留下良好的印象。

（一）握手礼

握手礼是人们初次见面，或互致问候的时候，常用的一种见面礼节。行握手礼时，彼此之间保持一步左右的距离，各自伸出右手，拇指张开，其余四指自然并拢并微微内曲，掌心凹陷，握手时双方伸出的掌心都要不约而同地向着左方，然后用手掌和手指与对方的手扣合。伸手的动作要稳重、大方，态度要亲切、友好、热情。握手礼如图 2–18 所示。

图 2–18 握手礼

（二）点头礼

行点头礼时，头部向下轻轻一点，同时面带笑容。注意不要反复点头不止，点头的幅度不宜过大。点头礼适用的范围很广，如与同事、熟人、朋友在会场、车间、站台等工作场所碰面而不宜交谈之时，以及遇上多人而又无法一一问候之时，都可以点头致意。行点头礼时，最好摘下帽子，以示对对方的尊重。

（三）鞠躬礼

鞠躬礼，是表示对他人敬重的一种礼节，此种礼节一般是下级对上级或同级之间、学生向老师、晚辈向长辈、服务人员向宾客表达由衷的敬意。行鞠躬礼时面对受礼人，并拢双脚，视线由对方脸上落至自己的脚前 1.5 米处（15 度礼）或脚前 1 米处（30 度礼）或脚前 0.4 米处（60 度礼）。男性双手放在身体两侧，女性双手合起放在身体前面。鞠躬时必须伸直腰、脚跟靠拢、两脚尖微微分开，目视对方，然后将伸直的腰背向前弯曲。鞠躬时，弯腰速度适中，之后抬头直腰，动作可慢慢做，这样会令人感觉很舒服。

（四）挥手礼

行挥手礼时，全身直立，面带微笑，目视对方，右手臂轻缓地由下而上，向侧上方伸出，手臂可全部伸直，也可稍有弯曲。致意时伸开手掌，掌心向外对着对方，指尖指向上方，四指并拢，拇指略分开，轻轻向左右摆动一两下手腕或前臂。

（五）合十礼

合十礼原是古印度的礼仪之一，后被一些国家沿用为日常普通礼节。施合十礼时，身体直立，双目注视对方，两个手心在胸前约 20 厘米处对合，手指并拢向上，手掌略向外倾斜，然后欠身低头。

学 习 笔 记

延伸阅读

气 质

一个人的真正魅力主要在于其特有的气质，这种气质对同性和异性都有吸引力，这是一种内在的人格魅力。气质是人的相对稳定的个性特点和风格气度。

气质本身并没有好坏之分，每种气质都有积极的一面，也有消极的一面。每一种职业领域都可以找出各种不同气质类型的代表，但是不同的职业和不同的岗位却对从业人员的气质有不同的要求。某种气质特征，往往能为胜任某项工作提供有利条件，而对另一些工作又表现出明显的不适应，研究和实践都表明气质特征是选择职业的重要依据之一。

1. 胆汁质气质与职业选择

胆汁质气质的基本特征是直率，热情，精力旺盛，脾气急躁，情绪兴奋性高，易冲动，反应迅速，心境变化剧烈。胆汁质气质者主动性强，具有竞争意识，通常倾向选择且适合竞争激烈、冒险性和风险性强的职业或社会服务型的职业，如运动员、改革者、探险者等。

2. 多血质气质与职业选择

多血质气质的主要特征是活泼，好动，敏感，反应快，善于交际，兴趣与情绪易转换。多血质气质者积极主动，热情大方，善于推销自己，适应性强，很受用人单位欢迎，通常适合出头露面，频繁交际型的职业，如记者、律师、公关人员、秘书、艺术工作者等。

3. 黏液质气质与职业选择

黏液质气质的主要特征是安静，稳定，反应迟缓，沉默寡言，情绪不易外露，善于忍耐。黏液质气质者沉着冷静，目标确定后，具有执着追求、坚持不懈的韧性，从而弥补了其他方面的不足，一般适合医务、图书管理、翻译、教员、营业员等职业。

4. 抑郁质气质与职业选择

抑郁质气质的典型特征是孤僻，行动迟缓，感受性强，敏感，细致。抑郁质气质者思虑周密，做事有步骤、有计划，一般较适合从事理论研究等职业。

每个人都应从自己的实际气质特征出发，认真考察职业气质的要求与自身气质特征的对应关系，选择那些能使自己气质的积极方面得到发挥的职业与岗位。

学习笔记

任务实训

1. 小组成员互相合作，按照已制订好的计划来实施，在实施中不断地完善计划方案。

2. 教师监控整个计划的实施过程，当发现小组成员有困难时给予一定的帮助。

3. 教师引导各小组用理论指导实践，按照由简单到复杂、由单个到组合的学习规律进行训练。小组成员之间要互相纠正错误动作。

4. 小组成员创作动作组合并配合音乐、语言讲解。小组成员练习时要反复练习组合动作，使动作达到熟练，进而能自然大方、规范得体地表现出来，从而获得学习的成就感。手势及常用见面礼节训练任务实施计划表如表 2–7 所示。

表 2–7　手势及常用见面礼节训练任务实施计划表

任务名称	手势及常用见面礼节训练		
班　　级		姓　　名	
小组名称		小组组长	
小组成员			
任务时间安排（　　年　　月　　日—　　年　　月　　日）			
查阅相关资料情况			

续表

对任务核心理论与技能的理解与总结	
制订训练计划	

续表

训练成果展示	
训练计划完善方案	

成果展示

1. 各小组选派代表做任务汇报，包括任务的分析、资料的收集、计划的制订、分工的方案、小组编排的恰当的手势及常用见面礼节的训练方案。

2. 小组全体成员进行恰当的手势及常用见面礼节训练的成果展示（全程拍摄视频），展示时，要有语言讲解并配合音乐完成。

3. 将成果展示视频集中存放。

评估反馈

对手势及常用见面礼节训练的成果进行评估、反馈并填写表 2-8。

表 2-8　手势及常用见面礼节训练评估、反馈表

任务名称	手势及常用见面礼节训练		
班　　级		姓　　名	
小组名称		小组组长	
小组成员			
资料收集情况（15 分）			
计划制订情况（15 分）			
计划实施情况（15 分）			
成果展示情况	动作规范（40 分）	情境模拟环节（5 分）	语言讲解（10 分）
小组自评（30%）			
小组间互评（30%）			
教师评价（40%）			
总分			

任务五　表情训练

任务描述

以小组为单位进行真诚的表情的训练。

1. 每位同学用相机或手机等工具拍下生活中同学、路人的表情。
2. 每位同学用相机或手机等工具拍下工作中职场人士的表情。
3. 每位同学通过网络、书籍等途径查找恰当的表情的动作要求。
4. 小组内讨论、分析、比较各种表情。
5. 小组制订表情训练计划。
6. 实施表情训练计划。
7. 以小组为单位进行成果展示，要求将各种姿势编排成动作组合并有语言的介绍，整套动作组合配合音乐完成。
8. 评估反馈。

任务分析

面部表情在传情达意方面有着重要的作用，它包括脸色的变化、肌肉的收展，以及眉、鼻、嘴等部位的动作，这里重点介绍一下眼神和微笑。

知识结构图

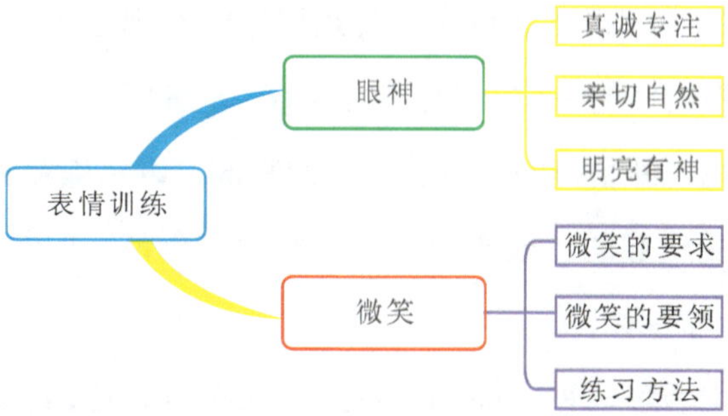

核心理论与技能

一 眼神

俗话说：眼睛是心灵的窗户。它是人体传递信息最有效的器官之一，而且能表现最细微、最精妙的情绪差异，显示人类最明显、最准确的交际信号，但微妙的眼神有时只可意会，不可言传。我们要在社会实践中用心体会，积累经验，努力把握，方能在社交中灵活地运用眼神。

眼神运用的基本要求是：真诚专注，亲切自然，明亮有神。

（一）真诚专注

注视行为要做到真诚专注，真诚专注主要表现在注视方式、注视部位、注视时间三个方面。

1. 注视方式

当对方来到你面前，应采用正视的目光，即两眼平视向前，注视对方两眼与鼻之间的“倒三角区”，以示尊重并用礼貌的语言表示欢迎；当倾听对方讲话时，同样要注意礼貌地正视对方的“倒三角区”，这是对他人的恭敬，此时，切忌“旁视”，如东张西望、左顾右盼、视线游移不定；也不能“忽视”，如不经意地、习惯性地看表；更不能“不视”，如只顾低头看书或另做他事；当对方从较远处向你走来，应采用“平视”目光，注意他的到来，做好热情迎接的准备；当几个人从不同方向，同时走来并出现在你面前，应采用“环视”的目光，有意识地顾及到在场的每一个人，让他们感觉到你没有忽视他们中的任何一位；当你参加会议，坐着倾听，上级领导站立着讲话时，应采用“仰视”的目光，即稍稍向上看着对方的脸部，以示谦恭和全神贯注地倾听。

有四种眼神是不受欢迎的，成熟的、有教养的人会善于控制自己的情感，不轻易让这四种眼神从眼睛里流露出来。

①盯视。盯视常常传递一种不礼貌的信息。不管有意无意，都会让对方感到不舒服，

画面上马拉无力地倚靠在浴缸里，他的头向后仰着，脸上异常平静，像睡着了一样。一把沾满鲜血的匕首掉在了马拉的右手边上，鲜血则染红了浴缸里的水。马拉的右手握着鹅毛笔，软弱无力地垂在地上，左手捏着一张便签。

马拉面前的桌子上放着墨水瓶、鹅毛笔等办公用品。木箱旁边有一张便签上写着："请把这五法郎送给一位孩子的母亲，她的丈夫为共和国献出了自己的生命。"简单的办公用品和便签上的内容，在体现革命者伟大人格的同时，也揭露了暗杀者的无知、无耻。

画家有意将上半部分处理得单纯、深情，以突出下半部分的写实与残酷，同时，加强死者身体下垂的感觉和令人震惊的事件给人们带来的压抑、憋闷及莫大的悲痛之感。

画家以写实的手法再现了马拉之死的最后场面，整个画面散发着庄严气氛。画面的光线明暗对比处理得比较柔和，左边射进来的光线落在马拉的脸上，成为画面的焦点，同时让画面充满了立体感。

3. 向日葵（见图 3–30）

图 3–30　向日葵

《向日葵》是由荷兰画家凡高所作。凡高是 19 世纪最伟大的艺术家之一。其代表作有：《星空》《向日葵》《吃土豆的人》《有乌鸦的麦田》等。

《向日葵》是在阳光明媚的法国南部所作，画家心中像有熊熊烈火，怀着炽热的激情令充满动感、仿佛旋转不停的笔触表现得粗厚有力，色彩的对比也极为单纯强烈。然而，在这种粗厚的单纯中又充满了智慧和灵气。观者在看此画时，无不为这激动人心的画面效果而心动，心灵为之震颤，激情也喷发而出，力求共同融入画家丰富的主像是你在打对方的主意。盯视，在某些特定场合，是作为心理战的招术使用的，在正常社交场合贸然使用，会让对方有受到侮辱甚至挑衅的感觉。

②眯视。眯视反映出的同样是不太友好的信息，有傲视、漠然的感觉。

③漠视。漠视即熟视无睹，给人一种孤傲冷漠的感觉。漠视的目光常常显得呆滞，让人感觉你是出于应付，会让对方产生一种不踏实的感觉，往往话还没说出口，就先对你有了“看法”。

④扫视。扫视即长时间地对他人全身上下、左右进行反复打量，这种目光在社交场合是失礼的。

2. 注视部位

场合不同，注视的部位也不同，一般情况下注视两眼与鼻之间的“倒三角区”。在公务场合，如就某一问题进行业务谈判或者上级对下级下达重要指示等情况时，目光应投放在对方以两眼为底线，以额头上部为顶点所连成的“正三角区”。由于注视这一部位，能制造出严肃认真的气氛，所以被处于优势的一方采用，以便帮助他们掌握谈话的主动权与控制权。

3. 注视时间

要想得到对方的信赖与喜欢，在整个沟通过程中，与对方目光的接触时间累计应达总时间的 50% ~ 70%，其余时间，可注视宾客的脸部以外 5 ~ 10 厘米处，这样比较自然、有礼貌。在社交场合，当无意中与他人的目光相遇，不要马上躲避对方的目光，应自然地对视 1 ~ 2 秒后再转移视线，这样比较得体。与异性目光对视，切忌“盯视”，注视时间不要超过 5 秒，否则将会引起对方的不适。总之，把握注视的时间必须考虑场合和对象两个要素。

（二）亲切自然

只有对自己所从事的职业有深厚的情感，才能将“亲切”由内而外、自然地流露在目光中，也才能做到嘴角微翘、面带微笑。要做到眼神自然，眼球放松，注视时就不能集中于一点，以散点柔视为好，视线移动要缓慢。

（三）明亮有神

要使双目明亮有神，就要对自己的岗位充满自信并将这种自信自然地流露在眼神中。同时，要求两眼的上、下眼帘充分打开，这样才能做到双目生辉、炯炯有神。要避免双目疲倦无神、呆滞冷漠、黯然无光所带来的不良感觉。

在社交过程中，与朋友会面或被介绍认识时，可凝视对方稍久一些，这既表示自信，也表示对对方的尊重。双方交谈时，应注视对方的眼鼻之间，表示重视对方及对其发言感兴趣。当对方缄默不语时，就不要再看着对方，以免尴尬。当别人说了错话或显得拘谨时，务必马上转移视线，以免对方把自己的眼光误认为是对其的嘲笑和讽刺。如果希望在争辩中获胜，那就千万不要移开目光，直到对方眼神转移为止。送宾客时，要等宾客走出一段路，不再回头张望时，才能转移目送宾客的视线，以示尊重。

在谈判中，也很讲究眼神的运用。一方让眼镜滑落到鼻尖上，眼睛从眼镜上面的缝隙中窥探，就是对对方鄙视和不敬的情感的表露。一方在不停地转眼珠，就要提防其在打什么新主意。双目生辉，炯炯有神，是心情愉快、充满信心的反映，在工作中持这种眼神有助于取得对方的信任和合作，相反，双眉紧锁、目光无神或不敢正视对方，会被对方认为是工作不积极或无能的表现，妨碍工作的开展。

二 微笑

笑，是人的生理现象。由于情绪的波动，人们往往会呈现不同形态的笑，例如有神秘的笑、轻蔑的笑、忧郁的笑、呆呆的笑、醉人的笑、妩媚的笑、甜蜜的笑、真诚的笑，等等。不同形态的笑给人以不同的情绪感受。举世闻名的希尔顿酒店，其创建人希尔顿在创业之初，经过多年探索，发现了一条简单、易行、不花本钱的经营秘诀——微笑。他要求所有员工：无论酒店本身遭遇到什么困难，希尔顿酒店服务员脸上的微笑永远是属于顾客的阳光。这束“阳光”最终使希尔顿酒店赢得了全世界的一致好评。

甜美而真诚的微笑是最值得推崇的。微笑是略带笑容，不出声的笑，它可以和有声语言及行为举止相配合，起到沟通心灵、架起友谊桥梁的作用。工作、生活中离不开微笑，社交中更需要微笑。微笑是世界通用的体态语，它弥合了不同文化间的差异，正因如此，无论是个人还是组织都非常重视微笑的作用。

（一）微笑的要求

微笑是大度、从容的表现，也是社会交往的通行证。微笑使人感到温暖，使心理距离迅速缩短。微笑必须真诚甜美。所谓真诚，是发自内心真挚情感的流露，体现一个人的纯朴、坦然、宽容和对人的信任。所谓甜美，就是要笑得友善、自然亲切。

（二）微笑的要领

微笑时，面部肌肉要放松，嘴角微翘、嘴唇微启，可露出少数牙齿，但应避免露出牙龈，不要笑出声音。

（三）练习方法

微笑可以照镜练习，练习者对着镜子，心里想着使自己高兴的情景，嘴角两端做出微笑的口型，找出自己认为最满意的微笑，天天练习，使之自然长久地呈现在脸上。也可以利用词语来进行练习，如普通话中的“茄子”等，这些字、词形成的口型，正是微笑的最佳口型，还可以用筷子练习微笑（见图 2–19）。

图 2–19 用筷子练习微笑

延伸阅读

气质的培养

气质美看似无形，实为有形，气质外化在一个人的举手投足之间，它通过一个人对待生活的态度、个性特征、言行举止等表现出来。走路的步态，待人接物的风度，皆属气质。热情而不轻浮，大方而不傲慢，可表露出一种高雅的气质。狂热浮躁或自命不凡，就是气质低劣的表现。在现实生活中，有的人只注意穿着打扮，不怎么注意自己的气质是否给人以美感。美丽的容貌，时髦的服饰，精心的打扮，都能给人以美感，但是这种外表的美总是肤浅而短暂的，如同天上的流云，转瞬即逝。如果你是有心人，就会发现气质给人的美感是不受年龄、服饰所局限的。

气质的培养是由内而外不断自我提升的漫长过程，可以从以下几个方面着手。

一 沉稳

（1）不要随便显露你的情绪。

（2）不要逢人就诉说你的困难和遭遇。

（3）在征询别人的意见之前，自己先思考，但不要先讲。

（4）不要一有机会就唠叨你的不满。

（5）重要的决定尽量和同事商量，最好隔一天再发布。

（6）讲话不要有任何慌张的表情，走路也是。

二 细心

（1）对身边发生的事情，要常思考它们的因果关系。

（2）对做不到位的工作，要发掘它们的根本症结。

（3）对习以为常的做事方法，要有改进或优化的建议。

（4）做什么事情都要养成有条不紊和井然有序的习惯。

（5）经常有意识地发掘一般情况下难以发现的毛病或弊端。

（6）经常检视自己的不足之处。

三 胆识

（1）不要常用缺乏自信的词句。

（2）不要常常变换自己的意见，轻易推翻已经决定的事。

（3）在众人争执不休时，不要没有主见。

（4）整体氛围低落时，要乐观、阳光。

（5）做任何事情都要用心，因为个人的行为会影响团队。

（6）工作不顺利的时候，要注意休整，重新寻找解决问题的突破口。

四 大度

（1）对别人的小过失、小错误不要斤斤计较。

（2）不要有权力的傲慢和知识的偏见。

（3）任何成果和成就都应和别人分享。

（4）必须有人牺牲或奉献的时候，自己走在前面。

五 诚信

（1）做不到的事情不要说，说了就要努力做到。

（2）虚的口号不要常挂嘴上。

（3）针对对方提出的问题，拿出改善的方法。

（4）停止一切不符合原则的手段。

（5）勿要弄“小聪明”。

六 担当

（1）检讨任何过失的时候，先从自身开始反省。

（2）事项结束后，先审查过错，再列述功劳。

（3）认错从上级开始，表功从下级启动。

（4）着手实施一个计划，先将权责界定清楚。

任务实训

1. 小组成员互相合作，按照已制订好的计划来实施，在实施中不断地完善计划方案。

2. 教师监控整个计划的实施过程，当发现小组成员有困难时给予一定的帮助。

3. 教师引导各小组用理论指导实践，按照由简单到复杂、由单个到组合的学习规律进行训练。小组成员之间要互相纠正错误动作。

4. 小组成员创作动作组合并配合音乐、语言讲解。小组成员练习时要反复练习组合动作，使动作达到熟练，进而能自然大方、规范得体地表现出来，从而获得学习的成就感。表情（眼神和微笑）训练任务实施计划表如表 2-9 所示。

表 2-9　表情（眼神和微笑）训练任务实施计划表

任务名称	表情（眼神和微笑）训练		
班　　级		姓　　名	
小组名称		小组组长	
小组成员			
任务时间安排（　　年　　月　　日—　　年　　月　　日）			
查阅相关资料情况			

续表

对任务核心理论与技能的理解与总结	
制订训练计划	

续表

训练成果展示	
训练计划完善方案	

成果展示

1. 各小组选派代表做任务汇报，包括任务的分析、资料的收集、计划的制订、分工的方案、小组编排的真诚的表情（眼神和微笑）的训练方案。

2. 小组全体成员进行真诚的表情（眼神和微笑）训练的成果展示（全程拍摄视频），展示时，要有语言讲解并配合音乐完成。

3. 将成果展示视频集中存放。

评估反馈

对表情（眼神和微笑）训练的成果进行评估、反馈并填写表 2-10。

表 2-10　表情（眼神和微笑）训练评估、反馈表

任务名称	表情（眼神和微笑）训练		
班　　级		姓　　名	
小组名称		小组组长	
小组成员			
资料收集情况（15 分）			
计划制订情况（15 分）			
计划实施情况（15 分）			
成果展示情况	动作规范（40 分）	情境模拟环节（5 分）	语言讲解（10 分）
小组自评（30%）			
小组间互评（30%）			
教师评价（40%）			
总分			

项目整体评价

对仪态塑造的训练成果进行评估并填写表 2-11。

表 2-11　仪态塑造评分表

项目	内容	分数
站姿	头正、肩平（5 分）	
	挺胸、收腹、立腰（5 分）	
	手臂摆放自然、位置正确（5 分）	
	腿部、膝部并拢、收紧（5 分）	
坐姿	头正、肩平、挺胸、收腹、立腰（5 分）	
	臀部坐椅面的二分之一或三分之二处（5 分）	
	腿部位置摆放规范（5 分）	
	手臂摆放自然、规范（5 分）	
走姿	头正、肩平、挺胸、收腹、立腰（5 分）	
	四肢协调（5 分）	
	手臂摆动规范（5 分）	
	步态平稳（5 分）	
	步幅适度（5 分）	
蹲姿	身体各部分位置关系正确（5 分）	
	腿部并拢、姿态优雅（5 分）	
手势	身体姿态自然（5 分）	
	手臂摆动规范（5 分）	
	头、眼、手配合协调（5 分）	
表情	目光运用恰当、真诚、自然（5 分）	
	微笑表情自然、甜美、真诚（5 分）	
合计		

项目思考与练习

1. 正确的站姿、坐姿、走姿的动作要领是什么？
2. 优雅的举止可通过哪些训练来获得？
3. 对着镜子进行仪态训练。
4. 模拟工作情境，分小组练习规范的职业仪态动作。

内在素质提升

音乐欣赏

一、音乐的表现要素

音乐是通过有组织的音（主要是乐音）所形成的艺术形象来表现人们的思想感情、反映社会现实生活的艺术。创作、演奏（演唱）和欣赏，是音乐艺术实践的三个方面。欣赏音乐是一种审美活动，美的标准是由一定时代、民族、社会群体的审美趣味所决定的。

音乐欣赏分为三个阶段：官能的欣赏，即主要满足于悦耳、好听；感情的欣赏，即对乐曲表现的基本情感有进一步的体验和把握；理智的欣赏，即在较高的层次上对作品的音响、思想感情、表现意义等做知识性、专业性的赏析。

欣赏者要想从官能、感情和理智三方面全面地欣赏一部作品，就要具备以下几方面的知识：①作者和作品的时代背景；②作品的民族特征；③作者的创作个性；④作品标题的含义；⑤音乐语言的表现功能；⑥曲式和体裁。其中，音乐语言的表现功能、曲式和体裁知识，是基本的乐理常识。

二、音乐欣赏心理

音乐欣赏以欣赏者的音乐审美经验为条件，表现为一系列复杂的心理活动，包括音响感知、情感体验、思维联想及理解判断等。欣赏者通过这些心理活动去体验、发现和判断音乐的艺术价值。由于这些心理活动在欣赏过程中的相互作用，能在欣赏者心里形成一种奇妙的审美体验。

1. 音乐欣赏的感性经验

音乐欣赏的感性经验，指欣赏者通过听觉对音乐音响所产生的感知和体验活动。

人生活在世界上，依靠各种感觉器官与周围世界发生着感性、自然而直接的联系。在长期的社会环境中，人们经过生存劳动和各种社会实践，发展了那些只有人类才能体会的感受，其中就包括对于自然音响和作为艺术的音乐音响的听觉感受。人们在听到某些自然音响和音乐音响时，会无形中得到一种愉悦，当倾听某种歌声时，我们还没有听清其歌词与旋律，便已深受感动了。有些音乐会使人狂怒，有些音乐会像微风一样轻抚我们，它们作为通向生动性情感、美感的激发，只在几秒钟内就对我们起作用。这是一种近乎生理的“审美反射”，这种感受并不是来自这些音乐包含的内容和思想，而是来自对这些音乐本身的愉悦感觉，体会这种感觉正是音乐欣赏的出发点，也是通往关于音乐艺术的更为高级和复杂的审美心理活动的基础。

以上所述是关于音乐欣赏感性经验赖以形成的生理和心理的基础。事实上，音乐欣赏感性经验的主要特点表现在：在欣赏音乐时，欣赏者不是把音乐音响看作一些互不相关的、零散和没有意义的部分加以承受，仅仅追求一种单纯的初级心理和生理快感，而是将音乐音响作为一种具有综合表现意义的艺术整体加以感受。这其中，有对音乐的音高、节奏、力度、速度、音色等基本要素的感觉，还有对这些要素及其结构的综合形式的感受，如旋律感、节奏感、协调感、曲式结构等，还包含着对音乐所具有的种种含义和基本情感特征的体验，以及由此引发的联想活动。这是一种积极主动的审美心理活动，是整个音乐欣赏活动过程的重要组成部分，只有通过对音乐音响的具体感知和体验，欣赏者才能深刻理解音乐表现的深层内涵，对音乐的艺术价值做出审美判断，使欣赏的感性经验上升为理性经验，并在此基础上达到对音乐的更深刻的审美理解，从而构成完整的欣赏心理结构。

音乐欣赏的感知和体验活动构成欣赏中的联想材料，这种联想是建立在感性经验的基础上，在理性指导下进行的一种显意识的过程。通过联想，一方面，使欣赏者对音乐形象的感知和体验更为具体，更为形象生动；另一方面，将音乐本身和音乐艺术所赖以表现的客观现实生活联系起来，在一定程度上丰富和提高了欣赏者的生活体验和知识。音乐联想主要是在描绘性音乐和情节性音乐的音响感知和情感体验中引发出来的。

2. 音乐欣赏的理性经验

音乐欣赏的感性经验积累到一定程度，就会向理性经验跃进，其主要表现是理解与判断的更多参与。音乐欣赏中的理解，是指欣赏者通过对音乐作品的感性体验而达到的对其内涵的把握。在这一过程中，除了听音乐以外，还有赖于欣赏者对音乐作品的标题、时代背景、创作思想及音乐表现手段和方法的了解和分析。例如，在欣赏贝多芬第九交响曲时，通过对作曲家生活的时代背景、社会状况、作曲家本人的精神状况和创作思想的了解，还有对其创作手段和方法的分析，就可能从音乐中领会其“通过斗争，得到胜利”“通过苦难，走向光明”，以及从作曲家心灵中表现出来的“四海之内皆兄弟”的深刻哲理思想、博大的情怀和崇高的精神境界。人们在欣赏音乐时，不能仅局限在对音乐的感性经验上，而是要充分运用理性思维进行深刻的哲理思考。

欣赏者在对作品达到充分的体验和理解的基础上，便会在心目中对作品做出自己的判断。这种判断不同于抽象思维中的判断，而是对作品的艺术价值的判断。例如，欣赏者在反复聆听贝多芬第九交响曲，充分理解其内涵的同时，会对作品中表现出来的艺术上的独创性、艺术手法的成功运用，以及表现出来的伟大精神力量和社会功能予以称赞和肯定。这种称赞和肯定又会进一步激发欣赏者欣赏该类作品的欲望，引起更强烈的情感共鸣，从艺术审美中获得极大的满足。

每个欣赏者的音乐判断标准是不相同的，这与欣赏者本人的思想境界、艺术修养和趣味等有着密切的联系。一个思想境界高尚，有良好文化、艺术修养

的欣赏者，在欣赏那些优秀的音乐作品时，是能够从中体验到审美的愉悦，得到深刻的心灵净化和启迪的；而对那些思想不健康、情调庸俗低下、艺术价值不高的音乐则会产生反感并自觉予以抵制。反之，一个思想境界不高、缺乏艺术修养、趣味低下的人，对于音乐的感知体验、理解与判断则与前者有着巨大的差异。

需指出的是，在实际音乐欣赏过程中，各种欣赏心理要素都在不同程度上互相渗透和融合，即使在对音乐的初步体验中，也有着理解的参与，而理解与判断，是以音乐的感性经验为前提的，音乐欣赏也是在不断的音乐感知和体验中实现的。在感性经验和理性经验之间不存在绝对的划分，它们是相互作用的。

我们应该认识到，音乐欣赏作为一种艺术审美活动，其心理过程并非如一般认识活动那样，经历着从感性到理性、由初级到高级、以理性认识为目的的过程。音乐欣赏以审美体验为目的，而音乐审美体验是一种高于感官刺激而又超越理性认识的高层次的心理活动。在欣赏过程中，理解、判断与认识所起到的作用是对审美体验的强化，音乐欣赏促进了完备的音乐审美心理结构的形成和完善。

三 中外声乐作品欣赏

声乐作品由人声进行演唱。人声按照性别和年龄差异特点，可分为女声、男声、童声三类；按照音域的高低、音色的差异和不同的表现特点，女声可以分为女高音、女中音、女低音；男声可以分为男高音、男中音和男低音。声乐的演唱方法主要有美声唱法、民族唱法、通俗唱法三种。

（一）优秀作品欣赏

1. 摇篮曲

这是一首流传在我国东北地区的音乐作品，摇篮曲又名催眠曲，是母亲哄婴儿入睡时哼唱的歌谣，后逐步发展为一种小型的音乐体裁。全曲结构短小，采用相同旋律、不同歌词的分节结构形式；旋律起伏不大，流畅抒情，优美而富有声韵；节奏缓慢均匀，带有一种轻轻的摇晃感；速度缓慢，使人进入甜美的梦境之中，体现亲切、温和、安宁的音乐形象。

2. 茉莉花

民歌《茉莉花》主要在江苏、浙江、安徽一带传唱，是全国同名小调中流传最广、影响最大的一首。《茉莉花》主要讲述了姑娘想摘茉莉花，又担心被责骂和取笑，破坏了美好的茉莉花等一系列心理活动，表现出一个天真可爱、纯洁善良的美丽少女形象，含蓄地表达出人们对真、善、美的向往和追求。全曲为五声调式，结构是由起、承、转、合四乐句组成的一段体曲式。旋律婉转流畅，以级进为主，带有南方江南水乡的色彩情调。节奏紧凑又不失稳重，将姑娘喜爱茉莉花又怜惜茉莉花的情绪表达了出来。

3. 达坂城的姑娘

《达坂城的姑娘》是由王洛宾整理的一首维吾尔族民歌，又名《马车夫之歌》。“西部歌王”王洛宾的代表作还有《半个月亮爬上来》《在那遥远的地方》《阿拉木汗》等。此曲旋律优美，歌词诙谐、俏皮，充满了西域民歌特有的婉转和欢快，维吾尔族少女美丽、大方、活泼、淳朴的形象呼之欲出。歌曲的结构是四句式的一部曲式，前两句的旋律是低音区的波浪形旋律线条，第三句一个八度大跳将旋律音区拉至中高音区，把歌者的迫切心情表现得淋漓尽致。

4. 我的太阳

《我的太阳》是 19 世纪意大利作曲家卡普阿的作品，由于歌曲流传广泛，也被作为民歌看待。关于这首歌的内容，有人认为这是一首情歌，把心爱的人比作太阳；也有人说这是一首体现兄弟之间感情的歌曲，因为哥哥代替弟弟去受苦而离开故乡，在送别的路上弟弟唱起了这首歌，把哥哥比作太阳。

歌曲为两段体结构，第一乐段有四个乐句，每个乐句都采用了后半拍起的节奏型，以第一句的音调为核心，使用了自由模进和重复的手法，旋律抒情，具有内在感。第二乐段也是四个乐句，更多地使用了后半拍起的节奏，它以八度大跳进入，使情绪更为高涨，表达出激动和赞美的心情。第二乐段反复一遍后，歌曲在高潮中结束。

5. 友谊地久天长

《友谊地久天长》是苏格兰民歌中的佳作。这首歌还有一个名字叫《一路平安》，人们习惯在和朋友告别时演唱这首歌。这首歌的歌词是由 18 世纪苏格兰著名的诗人罗伯特·彭斯根据苏格兰古老民歌《过去的好时光》而写的。歌曲分为 A、B 两段，前八小节是 A 段，B 段是副歌部分，歌曲结构规整，节奏鲜明，其特点是以附点的节奏型贯穿全曲。歌曲旋律优美婉转，情感丰富，歌词淳朴自然，深切感人，歌曲还通过副段重复的歌词渲染了分别时的依恋不舍和分别后的思念之情。这首歌还有三拍子的记谱，在电影《魂断蓝桥》中，其就是以三拍子的圆舞曲出现的。

6. 桑塔·露琪亚

《桑塔·露琪亚》是意大利的一首著名的那波里“船歌”。“船歌”是声乐的一种体裁形式，其特点是优美、抒情，具有摇荡感。桑塔·露琪亚据传是一名女神的名字，也有人说是一位姑娘的名字，总之她象征着美丽和幸福。

歌曲为两段体结构，采用分节歌形式，第一乐段有四个乐句，各句之间均为自由模进的关系，节奏型也基本相同。抒情、流畅的旋律描绘出一幅星光灿烂、碧波荡漾的美丽夜景。第二段以六度跳进进入，旋律在高音区进行，使情绪进一步高涨。歌曲在充满激情的歌声中结束。

（二）其他经典作品推荐

（1）送别；　　（2）黄河船夫曲；

（3）想亲娘；　　（4）半屏山；

（5）鳟鱼；　（6）乘着那歌声的翅膀；
（7）小夜曲；　（8）我亲爱的。

四　中外器乐作品欣赏

器乐演奏自音乐产生以来就存在了，器乐是相对于声乐而言的，其是完全使用乐器演奏而不用人声或者人声处于附属地位的音乐。

西方音乐演奏的乐器主要由弓弦乐器（如小提琴、大提琴等）、木管乐器（双簧管、单簧管等）、铜管乐器（圆号、小号等）、键盘乐器（钢琴等）和打击乐器（定音鼓、排钟等）等组成。有的器乐曲也应用部分人声作为效果，部分作曲家有时也加入一些人声，如《贝多芬第九交响曲》的《欢乐颂》合唱部分，但总的来说交响曲属于器乐而不属于声乐。

中国吹奏乐器的发音体大多为竹制或木制，主要由弹拨乐器（筝、古琴、扬琴等）、打击乐器（鼓、锣等）、拉弦乐器（二胡、京胡等）、吹奏乐器（竹笛、萧等）等组成。

（一）优秀作品欣赏

1. 春江花月夜

《春江花月夜》改编于琵琶曲《夕阳箫鼓》，是一首著名的琵琶传统大套文曲，明清就已广泛流传了。

《春江花月夜》意境优美，乐曲结构紧凑，旋律古朴、典雅，节奏比较舒缓、平稳，随着音乐主题的不断变化和发展，乐曲所描绘的意境也逐渐地发生变化，时而幽静，时而热烈，表现了大自然景色的变幻无穷，形象地描绘了江南水乡的优美景色，具有较强的艺术感染力。

此曲的音乐主题旋律尽管变化多样，新元素层出不穷，但是每一段的结尾都以同一乐句出现，听起来十分和谐。在民间音乐中，这种手法叫作“换头合尾”，能从各个不同的角度来揭示乐曲的意境，深化音乐表现的内容。

2. 月光下的凤尾竹

《月光下的凤尾竹》最初是一首著名的傣族乐曲，后因其风格清新委婉，被改编为钢琴、舞蹈、声乐等多种音乐形式，犹以葫芦丝演奏的版本最为常见。

3. 渔舟唱晚

《渔舟唱晚》是一首歌唱性强、简单易学的筝曲，本曲形象地描绘了夕阳西下、晚霞斑斓、渔歌四起、渔夫丰收的喜悦场景。全曲主要分为三部分，第一段为悠扬婉转、流畅平稳的抒情性慢板乐段，采用揉、吟等弹奏技巧，展示了湖光山色中西去的夕阳、缓慢移动的帆影、自由歌唱的渔民等情景，给人以“唱晚”之意，抒发了作者内心平静而又祥和的心境。第二段在第一段音乐材料的基础上进行变化，速度变快，表现出渔夫荡桨归舟、收获喜悦的欢乐心情。第三段的速度逐渐加快，力度增强，使用模进和变奏的音乐手法及古筝技巧中按滑叠用的催板奏法，荡桨声、摇橹声和浪花飞溅声被形象地刻画出来，展现出欢快愉悦之情。

4. 二泉映月

《二泉映月》是我国民间音乐家阿炳（原名华彦钧）创作的一首二胡独奏曲。《二泉映月》作为他保留下来的几首曲目之一，显得弥足珍贵。本曲名字是由中央音乐学院杨荫浏先生为阿炳录音后加上的名字。这首乐曲向我们传递了一位饱尝人间疾苦的民间盲艺人内心坚毅的情感，作者通过对月映惠山泉景色的描绘来讲述自己遭遇苦难经历时的坚韧品格。全曲分为六段，由音乐主题和五次变奏组成。曲子开始由深沉的声音引入主题，仿佛准备向世人讲述自己坎坷的一生。音乐主题的音域不宽，在中低音区进行，节奏多变呈不规律发展，将作者对黑暗社会的控诉及不向旧社会低头的精神表现出来。全曲表达的音乐主题统一，通过力度的变化将作者内心的想法进行外化，表现出其对命运的反抗与不屈精神。

5. 梁山伯与祝英台

《梁山伯与祝英台》创作于 1959 年。作品构思来源于我国一个古老的民间传说。

作者选择了一个传统爱情故事情节中“相爱”“抗婚”“化蝶”三个主要内容进行音乐创作，以浙江的越剧唱腔为素材，成功地将我国民族音乐与西方作曲技法融为一体。作品自问世以来，在国内外受到热烈的欢迎，它以中华民族的鲜明特征为风格，得到国际社会和音乐界的高度评价。

该作品为单乐章的协奏曲形式，采用奏鸣曲式结构。全曲主要分为三大部分：呈示部、展开部、再现部。

呈示部包含了引子、主部、连接部、副部、结束五个部分。在弦乐轻柔的颤音衬托下，长笛奏出了一段优美的华彩旋律，随后引子主题曲由双簧管奏出，在听众面前展示了一幅山清水秀、鸟语花香的春景。

展开部由抗婚、楼台会和哭灵投坟三部分组成。抗婚这一部分主要由两个主题组成，第一主题代表了残暴的封建势力，由铜管乐奏出；第二主题是小提琴独奏，代表了祝英台抗婚的决心，这一对矛盾的主题在不同的调性上反复出现，表现了激烈的抗婚场面，但最终是封建势力的主题占上风。楼台会这一段音乐表现了两人在楼台相会时互诉衷肠、倾诉爱慕之情的感人情景，采用了大提琴与小提琴对答演奏的形式，音乐如泣如诉、感人至深。哭灵投坟这一段音乐运用了京剧中的倒板与越剧中紧拉慢唱的手法，并加进了板鼓。独奏小提琴激动的散板强奏与乐队快板齐奏的交替出现，表现了祝英台泣不成声、悲痛欲绝的痛苦形象。在锣鼓齐鸣声中，祝英台毅然投坟，乐曲达到最高潮。

再现部是化蝶。长笛以飘逸的旋律，结合竖琴的滑奏，把人们带入了仙境。这时，在加弱音器的弦乐衬托下，第一小提琴与独奏小提琴先后加弱音器演奏了抒情的爱情主题，仿佛使人们看到一对彩蝶在花丛中自由自在地飞舞，永远不分离。这一段音乐讴歌了伟大的爱情，寄托了人们对梁山伯与祝英台的深切同情和美好祝愿。

6. 第四布兰登堡协奏曲

《第四布兰登堡协奏曲》是巴赫创作的。

《第四布兰登堡协奏曲》轻松优雅，是一首大协奏曲，它不同于我们今天所熟悉的一件乐器独奏、管弦乐队伴奏的独奏协奏曲形式，在大协奏曲中，独奏是一个娇小型的重奏组，它与另一个稍大一些的重奏组呼应对答、交替配合。在《第四布兰登堡协奏曲》中，巴赫使用了一个弦乐五重奏组与拨弦古钢琴为伴奏，另外使用两个直笛和一把小提琴的三重奏组作为独奏，显得富于变化又情趣盎然。

（二）其他经典作品推荐

（1）十面埋伏；

（2）阳春白雪；

（3）塞上曲；

（4）月儿高；

（5）闲聊波尔卡；

（6）蓝色多瑙河；

（7）小狗圆舞曲。

项目三　姿态塑造

学习情境

姿态训练是全面提高形体美的基础。通过各类身体动作练习，掌握各种姿态训练的基本动作，培养学生优美的姿态，使肌肉得到均衡发展，有效地增强体质，锻炼身体各关节的灵活性、柔韧性、协调性，加强肢体的控制能力、表现力、节奏感等。在姿态训练中要克服一定的困难才能达到练习的目的，因此通过姿态训练能够使学生的适应能力、自制力、意志力、鉴赏力、与他人合作的能力得到充分的培养。

姿态训练实景如图3-1所示。

图 3-1　姿态训练实景

项目技能目标

1. 能够掌握姿态训练的动作要领及相关理论。
2. 能够掌握身体姿态训练的动作，提高肢体的协调性、灵活性，增强肢体的控制力和表现力。
3. 培养较强的记忆力、观察力、自律能力、情绪控制能力、团结协作能力。

任务一　身体各部位动作训练

任务描述

以小组为单位进行身体各部位的动作训练。

1. 每位同学用相机或手机等工具拍下本校相关兴趣社团进行身体各部位动作训练时的照片和视频。
2. 每位同学通过网络、书籍等途径查找身体各部位动作训练的资料。
3. 小组内讨论、分析、比较身体各部位动作训练的姿态。
4. 小组制订身体各部位动作训练计划。
5. 实施身体各部位动作训练计划。
6. 以小组为单位进行成果展示，要求将各种动作编排成动作组合并有语言的介绍，整套动作组合配合音乐完成。
7. 评估反馈。

任务分析

身体各部位动作训练是乘务人员姿态塑造的有效手段，也是其他姿态训练的基础，本任务对身体各部位动作训练的方法进行介绍。

知识结构图

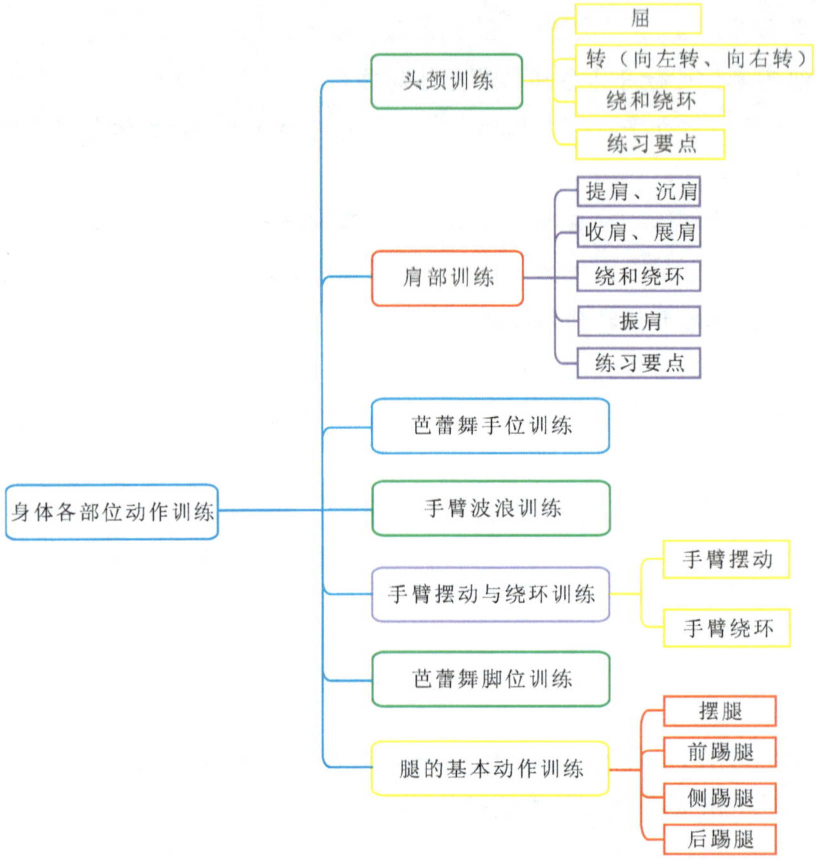
身体各部位动作训练
头颈训练
屈
转（向左转、向右转）
绕和绕环
练习要点
肩部训练
提肩、沉肩
收肩、展肩
绕和绕环
振肩
练习要点
芭蕾舞手位训练
手臂波浪训练
手臂摆动与绕环训练
手臂摆动
手臂绕环
芭蕾舞脚位训练
腿的基本动作训练
摆腿
前踢腿
侧踢腿
后踢腿

核心理论与技能

一　头颈训练

头颈动作包括屈、转、绕和绕环。

（一）屈

（1）预备姿势：站立，两手叉腰。
（2）前屈：低头，下颌对准胸部，还原。前屈如图 3-2 所示。
（3）后屈：抬头，头后部对准背部，还原。后屈如图 3-3 所示。
（4）侧屈：头向左（右）侧倾，还原。

图 3-2　前屈

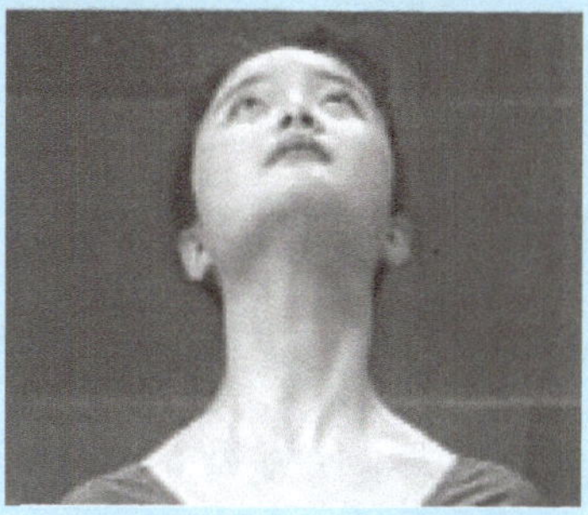
图 3-3　后屈

（二）转（向左转、向右转）

（1）预备姿势：站立，两手叉腰。
（2）头向左（右）转 90 度，还原。左转头如图 3-4 所示，右转头如图 3-5 所示。

图 3-4　左转头

图 3-5　右转头

（三）绕和绕环

（1）预备姿势：站立，两手叉腰。

（2）绕：向左（右）绕头，头从一侧屈，经前绕至另一侧屈，稍抬头。

（3）绕环：向左（右）绕头，头从一侧屈，经前、侧、后还原的360度绕头动作。

动作要求：在进行头颈动作练习时，身体不要跟着一起动，颈部动作幅度要大，使颈部肌肉充分伸展。

（四）练习要点

（1）练习开始时，动作避免过于激烈，强度不要太大，以免拉伤颈部肌肉。

（2）练习的节奏由慢到快，动作活动范围由小到大。

（3）要把不同动作类型和动作方向结合起来进行练习。

二 肩部训练

（一）提肩、沉肩

（1）预备姿势：分腿站立，两臂自然下垂。

（2）左肩提肩（上提），沉肩（还原）。右肩提肩（上提），沉肩（还原）。左肩提肩如图3-6所示。

（3）左肩、右肩依次提肩、沉肩。

（4）两肩同时提肩、沉肩。两肩同时提肩如图3-7所示。

图3-6　左肩提肩

图3-7　两肩同时提肩

（二）收肩、展肩

（1）预备姿势：分腿站立，两手叉腰。

（2）左肩收肩、展肩。

（3）右肩收肩、展肩。

（4）两肩同时收肩、展肩。两肩同时收肩如图 3-8 所示。两肩同时展肩如图 3-9 所示。

图 3-8 两肩同时收肩

图 3-9 两肩同时展肩

（三）绕和绕环

（1）预备姿势：分腿站立，两臂自然下垂。

（2）绕：左（右）肩以肩关节为轴向前或向后做 360 度以内的圆周动作。

（3）绕环：左（右）肩以肩关节为轴向前或向后做 360 度以上的圆周动作。

（四）振肩

（1）预备姿势：分腿站立，两手叉腰。

（2）两肩做内收、外展的弹性动作。

（五）练习要点

（1）做提肩、沉肩动作时要最大限度上提和下沉。做绕和绕环动作时，肩部放松，手臂伸直，幅度要大。做振肩动作时要有速度、力度和弹性。

（2）先进行单一动作练习，单一动作熟练和规范后，进行肩部动作的组合练习，这样可以提高练习者的积极性，增强练习效果。

二 芭蕾舞手位训练

芭蕾舞手位训练如图 3-10 所示。

（1）一位手：手自然下垂，胳膊肘和手腕处稍弯一些，双臂与双手成椭圆形，放在身体的前面，双手的中指相对，并留有一拳的距离。

（2）二位手：手保持椭圆形，抬到上半身的中部（腰以上，胸以下的位置），要注意保持胳膊肘和手指这两个支撑点的稳定。

（3）三位手：手在二位手位置的基础上继续上抬，放在额头的前上方，不要过分地向后摆，三位手就像是把头放在椭圆形的框子里。

（4）四位手：左（右）手不动，右（左）手切回到二位手位置。四位手已是舞姿了。

（5）五位手：左（右）手不动，右（左）手保持弯度成椭圆形从手指尖开始慢慢向旁打开，在此过程中胳膊肘和手指两个支撑点要保持在一个水平面上；手要放在身体的前面一点，不要过分向后打开，起到一个延续双肩线条的作用。

（6）六位手：右（左）手不动，左（右）手从三位手位置切回到二位手位置，形成舞姿。

（7）七位手：右（左）手不动，左（右）手打开到旁边，双手相同地放在身体的两边。

（8）结束：双手（手心朝前）划一个小半圈，手心朝下，向两边伸展后，胳膊肘先弯曲下垂，逐渐收回到一位手的位置。

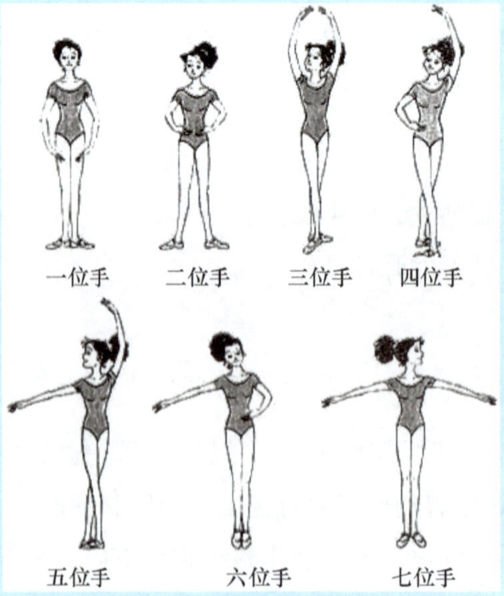

图 3-10　芭蕾舞手位训练

四　手臂波浪训练

手臂波浪训练是臂部各关节按顺序做柔和的屈伸动作。

手臂波浪训练的要点如下：

（1）以肩带动肘、腕稍屈，手指放松下垂，接着肩稍微向下压，肘、腕等关节依次伸直至侧举。

（2）由肩部开始发力，使肘、腕、掌、指由屈至伸，形成依次连贯的推移动作。

（3）动作要圆滑、连贯、伸展。

五　手臂摆动与绕环训练

（一）手臂摆动

手臂的摆动是指以肩关节为轴，整个手臂做自然、柔和的钟摆式动作，其摆动范围一般不超过 180 度，可以朝不同的方向完成。做手臂摆动训练时，最好能配合双膝的弹性屈伸，这样会增加全身动作的协调性。手臂摆动训练如图 3-11 所示。

图 3-11　手臂摆动训练

（二）手臂绕环

手臂绕环训练是以手臂的某一关节为轴，做360度的环形动作。手臂大绕环以肩关节为轴，手臂中绕环以肘关节为轴，手臂小绕环以腕关节为轴。做手臂大绕环动作时，肩关节要放松，手臂要远伸，尽量增加绕环的幅度，同时，方向要正，绕环的运动面要与地面垂直。做手臂中绕环时，要求肘关节相对固定，小臂做绕环动作。做手臂小绕环时，腕关节要相对固定，同时要放松，使手的绕环幅度尽量加大。手臂大绕环训练如图3–12所示。

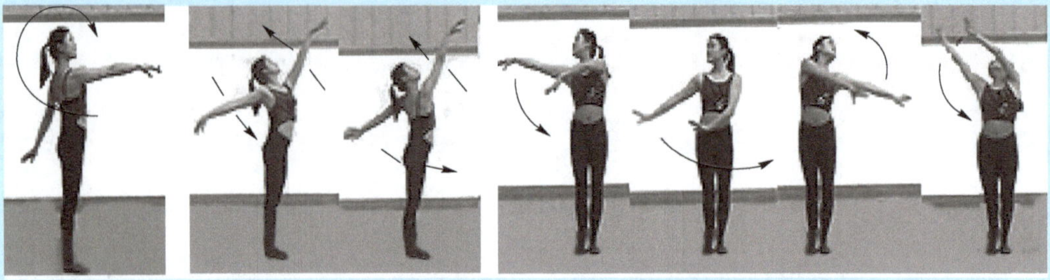

(a) 右臂前绕环　(b) 两臂依次向后绕环　(c) 两臂同时向左绕环

图3–12　手臂大绕环训练

六　芭蕾舞脚位训练

芭蕾舞脚位如图3–13所示。

（1）一位脚：两脚跟相靠，脚尖外开180度对准两肩成一字形。两腿靠紧，从大腿根部外开。重心平均放在两脚十个脚趾上，不能偏向足弓处。足弓要空，臀肌和腹肌收紧，胸部自然挺起，眼平视。

（2）二位脚：在一位脚基础上，两脚脚跟相对，向左右分开，两脚跟间距一横脚，重心在两脚中间。

（3）三位脚：一只脚外开，另一只脚同样外开并将脚跟放在第一只脚前面足心处，保持外开形态。

（4）四位脚：一只脚放在另一只脚前，间距一竖脚，前脚跟对后脚尖，前脚尖对后脚跟，两脚平行，重心在两脚中间。

（5）五位脚：保持四位脚形态，两脚靠拢，使后脚脚尖贴住前脚脚跟，中间没有距离，重心在中间。

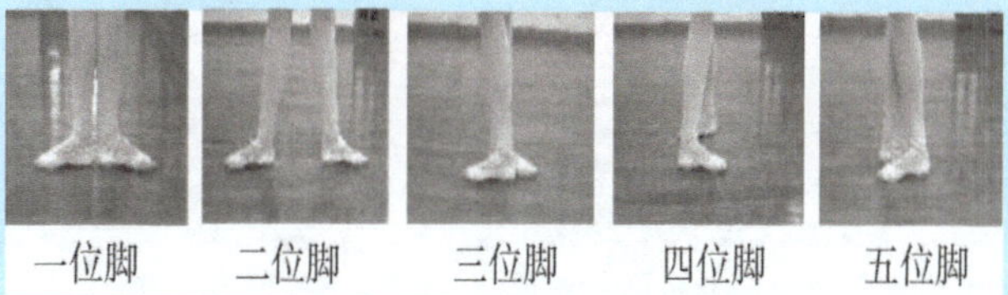

图 3-13　芭蕾舞脚位

七 腿的基本动作训练

（一）摆腿

摆腿是以髋关节为轴的摆起动作，可原地做，也可在行进间进行。摆腿可向前、向侧和向后做。摆腿时身体不能摇动，膝盖、脚尖伸直，向前和向后摆时，膝盖、脚背外展；向侧摆时，膝盖、脚背向上。向侧和向后摆时，髋外开。摆腿的方向要准确，摆腿的高度要逐渐提高。

（二）前踢腿

（1）预备姿势：两脚并立，两臂侧平举，掌心向下。

（2）练习方法：以右腿向前踢起为例，左脚向前半步。左腿支撑，右脚脚尖绷起向前额处猛踢。两眼向前平视。做前踢腿练习时可以采用左腿与右腿交替向前踢起的训练方式。

（三）侧踢腿

（1）预备姿势：同前踢腿。

（2）练习方法：右脚向前半步，脚尖外展，左脚脚跟稍提起，身体略右转，左臂前伸，右臂侧平举，左脚脚尖绷紧向左耳侧踢起，眼向前平视，踢左腿为左侧踢，踢右腿为右侧踢。侧踢腿练习能够锻炼大腿和臀部的主要肌肉，塑造更曼妙的下肢线条。侧踢腿是一种常用的健身方法。

（四）后踢腿

左脚向前半步。左腿支撑，右脚脚尖绷起向身体正后方伸直踢起，控制好幅度，重复 10 次，换左腿，每条腿做 2 ~ 3 组。向后踢腿能消除脂肪，让下垂的臀部翘起来。

延伸阅读

一 青少年的生理特征

1. 骨骼

人的一生中，生长发育有两个关键阶段。第一个阶段是胎儿期至出生后的第一年。第二个阶段是青春发育期。正常情况下，11 ~ 19 岁为青春发育期。在此阶段，青少年的骨骼处在生长发育阶段，软骨成分较多，骨组织内的水分和有机质（骨胶原）多，无机盐（磷酸钙）少，骨富于弹性而坚固性不足，骨硬度较小，韧性较大，关节面软骨相对较厚，关节囊、韧带的伸展性较大，关节周围的肌肉细长。关节活动范围大于成人，但牢固性较差，在外力作用下容易脱位。

2. 肌肉

青少年的肌肉中水分较多，蛋白质、脂肪、无机盐类少，肌肉细嫩，收缩机能较弱，耐力差，易疲劳。青少年身体各部位肌肉发育不平衡，躯干肌肉先于四肢肌肉发育，上肢肌肉先于下肢肌肉发育，大块肌肉先于小块肌肉发育。肌力的发展有一定的规律性，当身高增长加速时即为肌肉生长加速期，肌肉主要向纵向发展，长度增加较快，但仍落后于骨骼的增长，所以，肌肉收缩力量和耐力都较差。生长加速期结束后，女性在 15~17 岁，男性在 18~19 岁肌力增长最为明显，同时体重增加也很明显。

3. 心血管系统

心血管系统是人体发育最晚完成的系统。青少年的心脏重量和容积均小于成人，但心脏与体重的比值却大于成人。随着年龄的增长，心脏重量约为 350 克，心脏容积达到 240~250 毫升，心率频率为每分钟 65~75 次时，心脏系统便能承受各项激烈的运动和项目训练。

4. 呼吸系统

随着年龄的增长，呼吸肌增强，呼吸深度加大，男性青少年呼吸频率为每分钟 18 次左右，女性青少年比男性青少年快 1~2 次。肺活量基本达到成年人水平，男性青少年为 3 500~4 000 毫升，女性青少年为 2 500~3 500 毫升。

5. 神经系统

神经系统是人体发育成熟最早的系统。少年时期，脑神经的发育就已接近成年人的水平。16~18 岁时，脑细胞内部结构和机能的复杂化过程进一步发展，达到完善阶段。青春发育期正处在脑细胞发育的上升期，经过教育训练，特别是专业学习，大脑皮层细胞活动的数量迅速增加，神经元联系扩大，第二信号系统调节能力大大增强，第一信号系统和第二信号系统的关系更协调、更完善，为思维发展创造了良好的物质条件，所以青少年时期的记忆力、分析力与综合协调能力显著提高。由于处在青春发育期，青少年内分泌系统发生变化，使神经系统的稳定性受到影响，动作的协调能力暂时下降，但经过系统的运动训练，这种情况可以得到改善。

二　形体训练的生理价值

形体训练的作用，不仅在于塑造学生的体形美和仪态美，而且对学生心理健康的塑造，也具有积极的促进作用。形体训练的生理价值，主要表现在以下五个方面。

1. 形体训练能改善神经系统的功能

神经系统是由脑、脊髓和周围神经组成的，它是人体生命活动的主要调节机构。机体各系统的正常生理活动，都是在神经系统的统一支配下进行的。形体训练动作具有连续、协调等特点，许多形体训练动作要求在规定的时间内完成规定的动作并须确保动作的质量。当人体处于形体训练状态时，中枢神经将随时随地迅速动员各器官及系统的机能，使之配合骨髓、肌肉的需要。另外，运动加速心跳，加快血液循环，使单位时间内流过大脑的血量增多，脑细胞就可以得到更多的氧气和养料，这样不但能加快神经疲劳的消除，而且大大地提高了大脑皮层的厚度。运动能使大脑中的某些化学物质释放出来，参加到代谢中去，起到提高理解能力、思维能力和记忆能力的作用，从而使大脑变得更加聪明，因此，经常进行形体训练，能使人长期保持青春活力和旺盛的精力。

2. 形体训练能改善心血管系统的功能

形体训练对人体各器官系统都有良好的作用，对心血管系统更是如此。经常进行形体训练的人，由于心肌常处于激烈的收缩状态，肌纤维逐渐增粗，心房、心室壁增厚。心脏体积增大，血容量增多，心跳频率可减少到每分钟 60 次左右（安静状态），每搏输出血量可达 100 毫升左右，这大大减轻了心脏的工作负荷，使心脏永葆青春。形体训练对血管的作用也是显著的。长期、规范的形体训练能消耗血管壁周围多余的脂肪，使管壁富有弹性，口径增大，血流量增加，心脏获得充分的氧气和营养物质，进而起到预防冠心病的作用。

3. 形体训练能促使青少年个子长高

青少年处在长身体的阶段，四肢骨骼的生长与身高密切相关，尤其下肢骨骼更为关键。下肢骨受运动的影响，活动非常频繁，骨骼不断地受到挤压和摩擦，加速了骨细胞的分裂，下肢骨就会长得长。由于运动的作用，骨骼肌肉需要大量的血液，这些血液中带有大量的氧气和养料，使得骨骼肌肉生长速度加快。

4. 形体训练能矫正骨骼形态

青少年骨骼的软骨成分较多，骨富有弹性而坚固性不足，骨的形态结构易随着人体内外环境的变化而改变，日常不注意正确的站、走、坐姿势，易导致弓背、扣肩等现象，而这些现象对形体美具有直接的影响。经常进行形体训练，能使不良骨形在形体训练动作的压力和拉力作用下，向正确的方向发展，矫正骨形、健美身材。长期坚持形体训练，还有利于增强骨的抗折、抗压和抗扭能力。

5. 形体训练能使肌肉丰满结实

肌肉是构成人体轮廓的重要因素，积极参加形体训练能使肌肉组织的化学成分发生变化，如肌肉中的肌糖元、肌球蛋白、肌动蛋白和肌红蛋白等含量增加；使肌肉中的毛细血管形态发生变化，呈现囊泡状，增加肌肉血液供应量；使肌纤维内线粒体的大小和数量成倍增加，从而使全身肌肉丰满、结实、匀称。

任务实训

1. 小组成员互相合作，按照已制订好的计划来实施，在实施中不断地完善计划方案。

2. 教师监控整个计划的实施过程，当发现小组成员有困难时给予一定的帮助。

3. 教师引导各小组用理论指导实践，按照由简单到复杂、由单个到组合的学习规律进行训练。小组成员之间要互相纠正错误动作。

4. 小组成员创作动作组合并配合音乐、语言讲解。小组成员练习时要反复练习组合动作，使动作达到熟练，进而能自然大方、规范得体地表现出来，从而获得学习的成就感。身体各部位动作训练任务实施计划表如表 3-1 所示。

表 3-1　身体各部位动作训练任务实施计划表

任务名称	身体各部位动作训练		
班　　级		姓　　名	
小组名称		小组组长	
小组成员			
任务时间安排（　　年　　月　　日—　　年　　月　　日）			
查阅相关资料情况			

续表

对任务核心理论与技能的理解与总结	
制订训练计划	

续表

训练成果展示	
训练计划完善方案	

成果展示

1. 各小组选派代表做任务汇报，包括任务的分析、资料的收集、计划的制订、分工的方案、小组编排的身体各部位动作的训练方案。

2. 小组全体成员进行身体各部位动作训练的成果展示（全程拍摄视频），展示时，要有语言讲解并配合音乐完成。

3. 将成果展示视频集中存放。

评估反馈

对身体各部位动作训练的成果进行评估、反馈并填写表 3–2。

表 3–2　身体各部位动作训练评估、反馈表

任务名称	身体各部位动作训练		
班　　级		姓　　名	
小组名称		小组组长	
小组成员			
资料收集情况（15 分）			
计划制订情况（15 分）			
计划实施情况（15 分）			
成果展示情况	动作规范（40 分）	情境模拟环节（5 分）	语言讲解（10 分）
小组自评（30%）			
小组间互评（30%）			
教师评价（40%）			
总分			

任务二　扶把训练

任务描述

以小组为单位进行扶把训练。

1. 每位同学用相机或手机等工具拍下本校相关兴趣社团进行扶把训练时的照片和视频。
2. 每位同学通过网络、书籍等途径查找扶把训练的资料。
3. 小组内讨论、分析、比较各种扶把训练的姿态。
4. 小组制订扶把训练计划。
5. 实施扶把训练计划。
6. 以小组为单位进行成果展示，要求将各种动作编排成动作组合并有语言的介绍，整套动作组合配合音乐完成。
7. 评估反馈。

任务分析

扶把训练是指训练的时候扶着固定的物体（把杆）进行的训练。包括压腿训练、小踢腿训练、擦地训练、蹲的训练，等等。扶把练习是塑造姿态美的主要手段，对增加下肢及躯干的力量，提升身体的柔韧性、灵活性、协调性，增强对身体重心的控制能力，提高身体的平衡能力都非常有效，同时其还能起到规范身体姿态的作用。

知识结构图

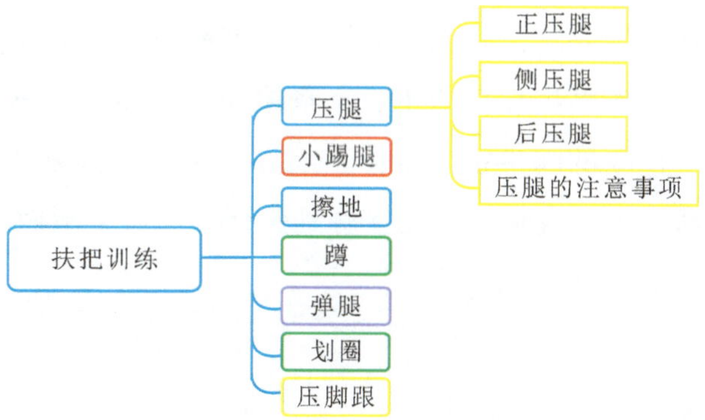

核心理论与技能

一 压腿

压腿是形体训练中最为基本的训练内容之一，压腿的练习有助于打开腿部关节的韧带，促进身体健康和体形完美，减少训练受伤的危险。

（一）正压腿

面对把杆，双腿并拢站立，抬起左腿将脚跟放在把杆上，脚尖勾起或绷起，两腿伸直，挺腰，同时一定要收髋（这是许多人没有注意到的地方），上体前屈，向前、向下做压腿的动作并逐渐加大力量，然后换腿做。根据柔韧程度，可依次用胸部、脸部贴紧腿部。正压腿如图 3–14 所示。

图 3–14　正压腿

（二）侧压腿

身体侧对把杆，左腿举起，脚跟放在把杆上，脚尖勾起或绷起，右臂上举，左掌放在右胸前。两腿伸直，立腰，开髋，上体向左侧振压。髋部和腰部在这个练习中将得到锻炼。做这个动作易出现两腿不直、身体向前弯曲等情况，需要及时矫正。在练习中应注意，支撑腿的脚尖指向身体正前方，左臂向里掖肩，右臂向上举，向头后伸展，幅度逐渐加大，直到腿部能接触到头部，然后换腿做。侧压腿如图 3–15 所示。

图 3-15 侧压腿

(三)后压腿

背对把杆，并腿站立，两手叉腰。右腿支撑，左腿提起，脚背搁在把杆上，脚面绷直。上体后屈并做振压动作。左、右腿交替进行。后压腿时，注意肩膀端平，颈部不要缩，撑住头部别掉下去并向后伸展，这样使髋部、腰部和颈部都可以得到锻炼。后压腿如图 3-16 所示。

图 3-16 后压腿

(四)压腿的注意事项

(1)在压腿之前必须先热身；在运动之前及之后都要压腿。

(2)在压腿时不要暂停呼吸；应该缓慢、深深地呼吸；压腿的动作要缓慢而温和，千万不可猛压或急压；各种压腿动作要交替进行。

(3)压腿时要感觉到有点“张力”或“酸”，但绝对不能到“痛”的程度。压腿时要注意腿部绷直并保持上半身的挺拔，向下压至上半身和腿部之间没有缝隙。个别人韧带太紧，在压腿的过程中不必苛求一定要压下去，只要保持正确的姿态，日积月累就可以拉长韧带，达到要求。

二 小踢腿

小踢腿是腿部的力量和速度练习，可以增强腿部动作的准确性和敏捷性。小踢腿的动作特点是快而有力，即急速踢起并立即停顿，踢起的角度为 25 度，不管是踢出还是收回，都必须经过擦地的过程。可以向前、侧、后三个方向做小踢腿，向前、后做时，膝盖、脚背要向外展，向侧做时，膝盖、脚背要向上。

小踢腿训练要求：踢腿时身体不要晃动，重心始终保持在主力腿上。动作过程中两腿保持伸直。小踢腿训练如图 3–17 所示。

(a) 向前小踢腿　(b) 向后小踢腿　(c) 向侧小踢腿

图 3–17　小踢腿训练

三 擦地

擦地训练主要是通过脚尖和前脚掌的擦地动作，训练踝关节的灵活性、柔韧性，增强腿部力量，锻炼脚背力量和绷脚控制能力，起到拉长腿部肌肉线条的作用。擦地可向前、向侧和向后做，擦地时重心始终在主力腿上，不论是擦出还是收回，两腿都要伸直，髋要正，有向上立的感觉。下面介绍五位擦地动作，向前擦地时，脚跟领先向前擦出，动力腿的脚尖和主力腿的脚跟在一条直线上；向侧擦地时，脚跟向前顶，动力腿的脚尖和主力腿的脚跟在一条直线上，由前脚掌过渡到脚尖着地；向后擦地时，脚尖先擦出，动力腿的脚尖和主力腿的脚跟在一条直线上。擦地训练如图 3–18 所示。

图 3-18　擦地训练

四 蹲

蹲是双腿屈伸的一种训练，可以增强膝、踝、髋关节的灵活性、柔韧性和腿部肌肉的弹性及腿部的控制能力。蹲有半蹲和全蹲两种。半蹲是膝盖、脚尖外开指向侧方，下蹲时两膝对准脚尖，速度要缓慢均衡，脚跟不离地面，半蹲到最大限度为止，起立时用同样的速度直至两腿伸直。全蹲是在半蹲的基础上继续向下蹲，直至臀部接触脚跟，在蹲的过程中两脚跟应在被迫的情况下逐渐提起，不可主动提起脚跟。做蹲的练习应以腿部、臀部、腹部肌肉用力控制腿、脚和躯干，以及身体上下起伏和重心的位置，使上体保持正直，不前倾或后仰，重心始终在垂直部位上。练习蹲的动作时，可以先双手扶把练习，熟练后再单手扶把练习；可以先做半蹲练习，再做全蹲练习。在练习过程中可适当增加手臂动作的配合。蹲的训练如图 3-19 所示。

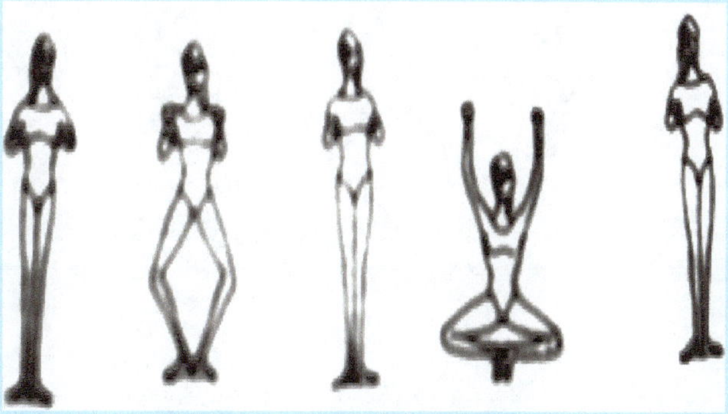
图 3-19　蹲的训练

五 弹腿

弹腿训练可以增加膝关节、踝关节的灵活性和柔韧性，以及小腿的敏捷性和大腿的肌肉力量。弹腿时大腿提起不动，以膝为轴，以脚背带动小腿，急速向前、侧、后做屈伸动作。动力腿向前弹出收回时，脚打击主力腿小腿的前部，脚弓贴在主力腿小腿的前部；向侧弹出收回时，脚打击主力腿小腿内侧，脚弓贴在主力腿小腿内侧；向后弹出收回时，脚弓贴在主力腿小腿的后部。弹腿时主力腿要直，髋要正，上体保持正直，动力腿大腿高度不能变，以膝为轴，小腿用力弹出，弹出后用力控制不动，弹腿和打击要迅速有力。弹腿训练如图 3-20 所示。

图 3-20 弹腿训练

六 划圈

划圈训练是增强髋关节的灵活性，增加腿部力量，加强腿部灵活性的有效办法。划圈是以髋为轴，动力腿伸直，用脚尖做最大限度的划圈动作。向前划圈时，动力腿向前做擦地动作至脚尖点地，动力腿尽量转开，经侧向后划圆弧，当动力腿脚尖对着主力腿脚跟时，动力腿做擦地动作收回。向后划圈时，动力腿向后做擦地动作至脚尖点地，动力腿尽量转开，以脚尖领先经侧向前划圆弧，当动力腿脚尖对着主力腿脚跟时，动力腿做擦地动作收回。动力腿划至前和后时，膝盖、脚背向外展；划至侧时，膝盖、脚背向上。划圈时动作要圆滑，身体不要晃动，髋要正，上体要直。

七 压脚跟

压脚跟是一种加强踝关节的柔韧性、力量和控制能力的训练，可以单脚做也可以双脚做。它是各种跳跃、转体动作的基础。压脚跟时，脚跟落地随即迅速提起，脚跟用力向上提，使脚跟提到最大限度，脚背与地面垂直，身体保持正直，自然挺胸抬头，收腹提腰，眼平视前方。脚跟落地与提起要体现出踝关节的韧劲。

学习笔记

延伸阅读

一 形体训练的原则

形体训练是通过徒手或器械的练习，锻炼身体，塑造体型、训练仪态，培养意志的一个有效、积极的手段。要使学生在形体训练中收到预期的效果，必须了解青少年的生理特征。实践证明，科学地从事形体训练，可以对中枢神经和内分泌系统产生良好的刺激作用，促进人体新陈代谢、改善血液循环和呼吸功能，延缓有机体适应能力的降低，推迟各组织器官结构、功能发生逆向性变化。安排训练计划、选择训练内容和手段应遵循科学锻炼身体的原则和方法，只有运用科学的理论和方法指导锻炼实践，才能获得理想的训练效果。

1. 青少年形体训练应注意全面发展

全面锻炼是要求身心全面协调发展，使身体形态、机能，以及心理品质等诸方面得到和谐的发展。

人体是一个完整的统一体，其各组织器官、系统之间，虽各有相对独立的机能，但又相互联系、相互影响、相互制约。任何局部机能的提高，必然促进机体其他部位机能的改善；当某一个素质得到提高时，其他素质也会有不同程度的提高，但是，如果形体训练的内容和方法单一化，机体就不能获得良好的整体提升。长期只从事力量练习，心肺系统的功能和耐力素质不会得到较大的提高；长期只从事身体一侧肢体的活动则整个机体就不能得到匀称的发展。只有全面锻炼，才能促进整个身体的全面发展，否则，就会导致身体发展不协调，对于正在生长发育阶段的青少年来说，这一点尤为重要，因此，在形体训练中全面锻炼是一个应该引起注意的重要问题。

（1）形体训练的内容、方法要尽可能考虑身体的全面发展，使练习者能掌握多种技能。

（2）注意活动全身，不要限于局部。

（3）在全面锻炼的基础上，要有目的、有意识地加强不同行业岗位的实用性练习。

2. 青少年形体训练应注意循序渐进的原则

形体训练对人体产生刺激，促使身体机能和形态改变，这是一个在多次重复训练下逐渐适应、发展、提高的过程。形体训练是完善身体素质，增强体质，实现优美的体型和体态的过程，这个过程应该是有序地逐渐形成的，不可能一蹴而就，正如俗话所说的“一口吃不成一个胖子”。形体训练的方法、手段和运动量，必须根据身体的适应能力，依照合理的顺序，逐渐改变和提高，不能急于求成，不可“拔苗助长”；不能用训练专业运动员的方法、手段和过大的运动量来训练普通人，这种违反循序渐进原则的做法不仅不能获得实效，反而对健康有害，甚至会导致身体受到损伤，因此，循序渐进的原则是我们在进行形体训练中必须遵循的。

二、合理安排运动负荷

运动负荷通常称为运动量，由运动强度、密度和持续的时间等因素所构成。运动负荷的强度，通常是通过运动时心率的变化情况来衡量，这种衡量方法是根据人体摄氧量越大能源物质的消耗也越大的原理，来划分运动负荷的强度。

现代形体训练的研究表明，人体形态的改善必须在一定量和强度的刺激下才能实现。健康成年人可进行中等强度、长时间的运动；体弱而时间充裕的人，可进行小强度，长时间的运动；体力好但时间不富余者，可采用大强度、短时间的运动。运动时心率维持在最高心率的 60% 以下为低强度运动；60%~80% 为中等强度运动；80% 以上为大强度运动。

在每次锻炼时间相对固定的情况下，当每周锻炼多于 3 次时，最大摄氧量的增加逐渐趋于平坦；每周锻炼少于 2 次时，最大摄氧量通常不会变化，因此每周锻炼 3~4 次为宜。

1. 合理安排形体训练的运动负荷

（1）依据学生状况安排运动负荷。

形体训练的运动负荷应根据年龄、性别，以及个体的生理机能来区别设定。

①年龄特点。无论是形态结构还是生理功能，在不同年龄阶段都各不相同，因此，在安排形体训练的难易项目和运动负荷等方面，要考虑到学生的可接受性，要量力而行。

②性别特点。学生性别差异是在形体训练中需要考虑的。针对女生的特殊情况，在训练中尤其应注意适当地设定运动负荷。

③生理机能特点。学生处在生长发育的不同阶段，有不同的生理机能特征。训练的运动量要有助于提高学生的身体机能，使之得到正常的发育。

（2）依据训练内容确定运动负荷。

确定形体训练运动负荷的大小，要考虑训练的内容。例如，关节灵活性的训练，不宜采用强度较大的训练；发展肌肉的训练，则一般应在量和强度极限范围内，尽量加大运动负荷。

（3）负重练习与放松休息合理交替进行。

从生理上看，有机体的应答性反应大小，一般与刺激作用的大小成正比，在一定限度内，结合合理的休息，负荷越大，超量恢复的效果就越好，能使有机体在下一次练习之前处于良好状态。如果忽视负荷与休息的统一，就会导致伤害事故。

休息的时间，要根据训练项目的内容来决定。一次练习的负荷较大，安排的休息时间便可相对长一些。休息时间过长或过短，都会降低练习的效果。休息的方式有积极性休息和消极性休息。积极性休息是通过身体练习，加强有机体机能水平的恢复。消极性休息是通过静态方式进行休息。两种休息方式要结合训练项目来选择。

（4）合理利用有氧练习。

有氧练习对于塑造理想的体型是非常有效的。有氧练习，简单地说就是人在运动时，身体采用的是有氧代谢的供能方式。在运动负荷的水平上，有氧练习以运动时心率维持在最高心率的 70%~80% 为佳。

（5）最佳锻炼时间的选择。

一天中什么时间进行形体训练最适当呢？这个问题实际上是运动与饮食的关系问题。大强度运动应在饭后两小时后进行，中等强度运动应在饭后一小时后进行，小强度运动可在饭后半小时后进行。据此，可以推出以下几个运动的时间段。

①早晨时间段：晨起至早餐前。

②上午时间段：早餐后两小时至午餐前。

③下午时间段：午餐后两小时至晚餐前。

④晚间时间段：晚餐后两小时至睡前。

2. 检查和评定运动强度的方法

（1）观察法。

观察法是教师常用的一种方法。在训练中，根据学生完成动作的质量（动作的准确性、控制身体的能力、呼吸情况、面部表情及情绪等）来判断运动量的大小。

（2）自我感觉法。

自我感觉指训练后学生主观感觉疲劳的程度。教师经常听取学生的反馈信息并将学生的反馈信息与观察的结果相结合进行分析，以判断运动量的大小。运动量适宜的标志，一般是锻炼后有微汗，轻松愉快，食欲和睡眠良好；虽然稍感疲乏，肌肉酸痛，但休息后可以消失，次日感觉体力充沛，有运动欲望。

运动量过大的表现，一般是锻炼后大汗淋漓，头晕眼花，胸闷，气喘，非常疲劳；倦怠，易激动，睡眠不佳，食欲减退；脉搏在运动 15 分钟后不能恢复，次日周身乏力，缺乏运动欲望。

运动量不足的表现，一般是锻炼后身体无发热感且无微汗，脉搏也无变化或在 2 分钟内很快恢复。

（3）生理测量法。

生理测量是检查运动量的一种较为客观的方法，可采用脉搏测定的方法来检查和评定运动量。心率是判断机体与运动量的适应性的重要指标。掌握精确的心率对保证训练的安全和最佳的训练效果至关重要。一般先测算出心率极限（最大心率），然后取最大心率的 65%~80% 为运动所适宜的心率范围。通常最大心率可以用以下公式推算。

一般人的最大心率＝ 220 – 年龄

平时常运动的人的最大心率＝ 210 – 0.8 × 年龄

3. 形体训练课的密度

形体训练课的密度，是指课堂中各项训练合理运用的时间与总课时之间的比例。运动密度，是指学生做练习的总时间与总课时之间的比例。加强形体训练课中的学生做练习的比重，提高形体训练课的密度，以使学生掌握训练技巧、技能，更有效地塑造形体、完成训练的任务。合理安排形体训练课密度的基本要求如下：

（1）加强课前准备，做好三备：备人员、备教材、备教法。对各项练习的时间、次数进行周密的安排、计划。

（2）加强课中组织，改进和提高课堂教学能力。

（3）提高教学艺术，改进教学方法，做到精讲多练，加大运动密度。

（4）教育学生自觉遵守组织纪律，充分调动学生的自觉性和积极性。

饮食是健康的基础，进入青春期的职业院校学生，身体正处于生长发育的高峰期，身高、体重激增。在这个时期，不仅要合理地安排形体训练，也要高度重视训练中的饮食。在锻炼中消耗了大量的能量，必须摄取足够的营养素，多食用各种营养丰富的食品，才能保证机体的正常运转和恢复，维持热量的平衡，从而使青少年在形体训练中达到增进健康、美化体型的目的。

任务实训

1. 小组成员互相合作，按照已制订好的计划来实施，在实施中不断地完善计划方案。

2. 教师监控整个计划的实施过程，当发现小组成员有困难时给予一定的帮助。

3. 教师引导各小组用理论指导实践，按照由简单到复杂、由单个到组合的学习规律进行训练。小组成员之间要互相纠正错误动作。

4. 小组成员创作动作组合并配合音乐、语言讲解。小组成员练习时要反复练习组合动作，使动作达到熟练，进而能自然大方、规范得体地表现出来，从而获得学习的成就感。扶把训练任务实施计划表如表 3–3 所示。

表 3–3 扶把训练任务实施计划表

<table>
<tr><td>任务名称</td><td colspan="3">扶把训练</td></tr>
<tr><td>班　　级</td><td></td><td>姓　　名</td><td></td></tr>
<tr><td>小组名称</td><td></td><td>小组组长</td><td></td></tr>
<tr><td>小组成员</td><td colspan="3"></td></tr>
<tr><td colspan="4">任务时间安排（　　年　　月　　日—　　年　　月　　日）</td></tr>
<tr><td>查阅相关资料情况</td><td colspan="3"></td></tr>
</table>

续表

对任务核心理论和技能的理解与总结	
制订训练计划	

续表

训练成果展示	
训练计划完善方案	

成果展示

1. 各小组选派代表做任务汇报，包括任务的分析、资料的收集、计划的制订、分工的方案、小组编排的扶把训练方案。

2. 小组全体成员进行扶把训练的成果展示（全程拍摄视频），展示时，要有语言讲解并配合音乐完成。

3. 将成果展示视频集中存放。

评估反馈

对扶把训练的成果进行评估、反馈并填写表 3–4。

表 3–4 扶把训练评估、反馈表

任务名称	扶把训练		
班　　级		姓　　名	
小组名称		小组组长	
小组成员			
资料收集情况（15 分）			
计划制订情况（15 分）			
计划实施情况（15 分）			
成果展示情况	动作规范（40 分）	情境模拟环节（5 分）	语言讲解（10 分）
小组自评（30%）			
小组间互评（30%）			
教师评价（40%）			
总分			

任务三　基本步伐训练

任务描述

以小组为单位进行基本步伐训练。

1 每位同学用相机或手机等工具拍下本校相关兴趣社团进行基本步伐训练时的照片和视频。

2 每位同学通过网络、书籍等途径查找基本步伐训练的资料。

3 小组内讨论、分析、比较各种基本步伐训练的姿态。

4 小组制订基本步伐训练计划。

5 实施基本步伐训练计划。

6 以小组为单位进行成果展示，要求将各种动作编排成动作组合并有语言的介绍，整套动作组合配合音乐完成。

7 评估反馈。

任务分析

基本步伐训练是形体训练的重要内容之一，对于职场工作至关重要，每位同学必须加强训练。

知识结构图

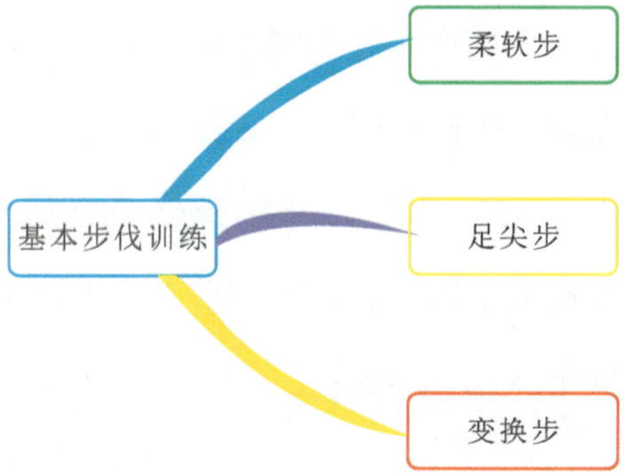

核心理论与技能

一 柔软步

（1）预备姿势：自然站立，两手叉腰。

（2）练习方法：向前一步，腿自然弯曲，脚尖、膝盖向外展，大拇脚趾先着地，过渡到全脚掌落地，腿逐渐伸直，身体重心随即前移，之后换另一只脚做。

（3）动作要领：两腿的动作要柔和自如。身体保持正直，不要左右晃动，两脚走在一条直线上。自然挺胸抬头，收腹提腰，眼睛看远方。开始练习时可做分解动作和慢动作。

（4）柔软步组合练习。

①预备：自然站立，两臂下垂。

②一八拍一至二拍：左脚向前两步，左臂不动，右臂前摆，还原。

③一八拍三至四拍：左脚继续向前两步，左臂仍不动，右臂向侧摆，还原。

④一八拍五至八拍：同一八拍一至四拍。

⑤二八拍：同一八拍。

⑥三八拍一至二拍：左脚向前两步，两臂呈芭蕾舞二位手姿势。

⑦三八拍三至四拍：左脚继续向前两步，两臂还原成芭蕾舞一位手姿势。

⑧三八拍五至八拍：同三八拍一至四拍。

⑨四八拍：同三八拍。

⑩五八拍一至四拍：左脚向前四步，左臂不动，右臂向后绕环一周。

⑪五八拍五至八拍：左脚继续向前四步，右臂不动，左臂向后绕环一周。

⑫六八拍：脚下动作同五八拍，右臂、左臂绕环方向换成向前。左右交换重复一次。

⑬七八拍一至四拍：左脚向前四步，两臂体前斜下方做手臂小波浪一次。

⑭七八拍五至八拍：同七八拍一至四拍。

⑮八八拍一至四拍：左脚弧形走四步，左臂上举，右臂侧平举。

⑯八八拍五至六拍：左脚向前走两步，两臂下交叉，低头含胸。

⑰八八拍七至八拍：左脚在前做提踵立，左臂侧平举，右臂上举，之后双臂做手臂波浪一次并定住，抬头挺胸看右手。

三　足尖步

（1）预备姿势：自然站立，两臂自然下垂。

（2）练习方法：足跟尽量向上提起，使身体重心升高，两脚交替踩迈，身体重心随之移动，两臂自然摆。

（3）足尖步组合练习。

①预备一至四拍：自然站立，两臂下垂。

②预备五至八拍：双脚做提踵立，两手叉腰。

③一八拍：左脚向前八个足尖步，两手叉腰，眼看前。

④二八拍：左脚继续向前八个足尖步，两臂随同走步自然地前后摆动，第一拍上半拍低头，下半拍抬头，甩头一次。

⑤三八拍一至四拍：第一拍上半拍低头，下半拍抬头，甩头一次。左手在后，右手在前，前后叉腰。

⑥三八拍五至八拍：同三八拍一至四拍，右手在后，左手在前，前后叉腰。

⑦四八拍：同三八拍。

⑧五八拍一至四拍：左脚继续向前四个足尖步，右臂在前，左臂在后，两臂做手臂小波浪一次。

⑨五八拍五至八拍：同五八拍一至四拍。

⑩六八拍：同五八拍。

⑪七八拍一至四拍：左脚继续向前四个足尖步，双臂向前推波浪一次，低头含胸。

⑫七八拍五至八拍：左脚继续向前四个足尖步，双臂往侧推波浪一次，抬头展胸。

⑬八八拍：前七拍同七八拍的前七拍，第八拍双脚做提踵立，双臂往侧推波浪一次并定住，抬头展胸。

二 变换步

（1）预备姿势：自然站立，两手叉腰。

（2）练习方法：一拍，右脚向前一个柔软步；二拍，左脚与右脚并拢；三至四拍，右脚向前一个柔软步，重心移至右脚上，左脚伸直后点地，脚尖、膝盖外展；五至八拍，换左脚做。

（3）动作要领：初学者先将脚的步伐学会，后加入手臂动作配合练习。如用两臂侧举做，一臂前举一臂侧举做，一臂上举一壁侧举做，两臂上举做，两臂斜后下举做，身体保持正直。向前出脚时不能做成由半蹲再伸直的动作，应用柔软步做。

（4）变换步组合训练。

①预备：丁字步站立，手呈芭蕾舞七位手姿势。

②一八拍一拍：左脚向前一个柔软步，双臂由体侧开始下落。

③一八拍二拍：右脚与左脚并拢，手呈芭蕾舞一位手姿势。

④一八拍三拍：左脚向前一个柔软步，左臂开始向侧摆，右臂开始向前摆。

⑤一八拍四拍：重心移至左脚上，右脚伸直后点地，脚尖、膝盖外展。左臂侧举，右臂前举。

变换步组合训练①～⑤如图 3-21 所示。

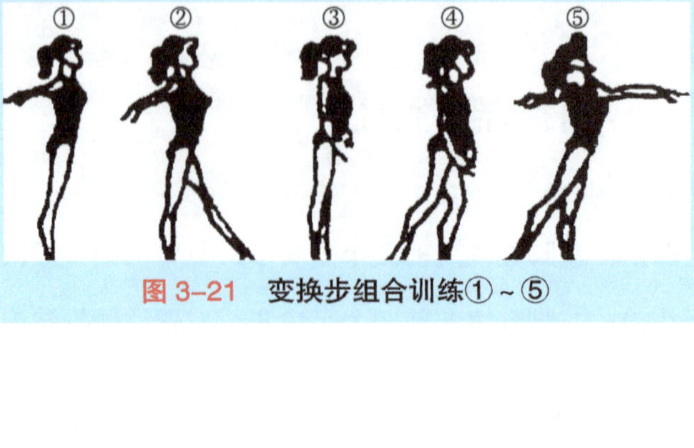

图 3-21　变换步组合训练①～⑤

⑥一八拍五至八拍：同一八拍一至四拍动作，由右脚做变换步。

⑦二八拍一拍：左脚向左侧做 一个柔软步，手同一八拍一拍动作。

⑧二八拍二拍：右脚与左脚并拢，手呈芭蕾舞一位手姿势。

⑨二八拍三拍：左脚向左做一个柔软步，左臂开始向侧摆，右臂开始向上举。

⑩二八拍四拍：重心移至左脚上，右脚伸直侧点地，脚尖、膝盖外展，左臂侧举，右臂上举。

⑪二八拍五至八拍：同二八拍一至四拍动作，由右脚做变换步。

⑫三八拍一拍：左脚向前一个柔软步，手同一八拍一拍动作。

⑬三八拍二拍：右脚与左脚并拢，手呈芭蕾舞一位手姿势。

⑭三八拍三拍：左脚向前一个柔软步，左臂开始向侧摆，右臂开始向前摆。

⑮三八拍四拍：重心移至左脚上，右脚伸直后举腿，脚尖、膝盖外展，左臂侧举，右臂前举。

⑯三八拍五至八拍：同三八拍一至四拍动作，由右脚做变换步。

⑰四八拍一拍：左脚向后一个柔软步，手同一八拍一拍动作。

⑱四八拍二拍：右脚与左脚并拢，手呈芭蕾舞一位手姿势。

⑲四八拍三拍：左脚向后一个柔软步，左臂开始向下摆，右臂开始向侧后摆。

⑳四八拍四拍：重心移至左脚上，左膝蹲，右脚伸直前点地，脚尖、膝盖外展，左臂前下举，右臂侧后斜上举。

㉑四八拍五至八拍：同四八拍一至四拍动作，由右脚做变换步。

㉒五八拍：同二八拍。

㉓六八拍一拍：左脚向前做一个柔软步，手同一八拍一拍动作。

㉔六八拍二拍：右脚与左脚并拢，手呈芭蕾舞一位手姿势。

㉕六八拍三拍：左脚向前做一个柔软步，左臂开始向侧摆，右臂开始向前摆。

㉖六八拍四拍：重心移至左脚上做提踵立，右腿伸直后举腿，脚尖、膝盖外展。左臂侧举，右臂前举。

变换步组合训练 ㉖如图 3–22 所示。

图 3-22　变换步组合训练㉖

㉗六八拍五至八拍：同六八拍一至四拍动作，方向相反。

㉘七八拍一拍：左脚向后一个柔软步，手同一八拍一拍动作。

㉙七八拍二拍：右脚与左脚并拢，手呈芭蕾舞一位手姿势。

㉚七八拍三拍：左脚向后一个柔软步，左臂开始向前摆，右臂开始向后摆。

㉛七八拍四拍：重心移至左脚上，右腿提膝前举，脚尖、膝盖外展，左臂前下举，右臂侧后斜上举。

变换步组合训练㉛如图 3-23 所示。

图 3-23　变换步组合训练㉛

㉜七八拍五至八拍：同七八拍一至四拍动作，右脚做变换步。

㉝八八拍一至四拍：同一八拍一至四拍动作。

㉞八八拍五至八拍：左脚开始往前三个足尖步，双手下交叉，右臂在外，低头含胸。第八拍时左脚在前做提踵立，左手斜下举，右手斜上举推波浪一次并定住。

延伸阅读

营　养

人为了生存必须摄入食物，以维持正常的物质代谢、生理机能及各种生命活动。摄取、消化、吸收和利用食物中的养料以维持生命活动的整个过程称为营养。食物中对机体有生理功效的成分称为营养素。构成机体组织的营养素有几十种，如糖、脂肪、蛋白质、水、矿物质、维生素、食物纤维等。任何一种食物，都不可能具备人体所需要的全部营养素。例如奶类所含的营养素是很丰富的，但它缺乏维生素 C，因此，人们吃的食物种类必须齐全，比例恰当，才能满足人体所需的各种营养素。不然，轻则影响人体健康，重则使人生病。人体所需要的各种营养素，都有一定的适宜量，缺了固然不好，多了也不行。有一位营养学家将人体比作一座建筑物，它需要各种各样的建筑材料，如砖瓦、木材、钢筋、水泥等，缺一不可，而且要搭配合理，如果材料不齐，配比不当，肯定会影响建筑物的质量。构成人体的“建筑材料”主要来源于食物中的营养素，人体比建筑物更复杂，对各种营养物质的需求严格，合理的营养是维护身体健康的基础，也是身体发育良好，具有美好体型的必要条件，因此，对各种营养素的功能和来源有所了解，是非常必要的。

1. 蛋白质

蛋白质是构成人体细胞的主要材料，是形体训练时提供能量的主要营养素，缺之不可。成人每千克体重每天需要 1 克蛋白质来维持，如果是 50 千克体重，则每天需要摄入 50 克蛋白质。蛋白质来源于动物性食物和植物性食物中的豆类等。

动物性食物（包括畜禽肉类、鱼类、乳类等）中含有丰富的蛋白质。有的植物性食物如豆类、谷类、干果类等，也含有较多的蛋白质。

2. 脂肪

脂肪向细胞提供油质并以最集中的方式向机体提供能源。平均每千克体重每天需要 0.9 克脂肪，50 千克体重的人每天需要 45 克脂肪。脂肪来源于一些动物性食物，如乳类、蛋类等，也来源于植物性食物中的干果类等。

3. 碳水化合物

碳水化合物是人体热能的主要来源，其供给人体最丰富、最易利用的能源。具有纤维素的碳水化合物还可以保持消化系统的清洁和健康。碳水化合物来源于谷类、根茎类植物和各种糖（人体1/3的热能由糖供给），也来自蔬菜和水果。

4. 无机盐

无机盐是人体的重要组成部分。人体需要较多的钙、铁、镁、钾、钠、磷、氯等元素，也需要一些微量元素。钙是构成人体骨骼和牙齿的重要成分，它来源于乳类、蛋黄、小虾皮、海带、芝麻等。铁是合成血红蛋白的重要原料之一，它来源于动物的肝脏、肉类、蛋类、鱼类和蔬菜。

5. 维生素

维生素是人体所需的一类有机营养素，它具有广泛的生理功能，主要来源于天然食物中。

6. 水

和氧气一样，水是人类赖以生存的重要营养素，约占体重的65%，水主要来源于饮用水、饮料、汤等，也来源于食物中。

进行形体训练的青少年要注意摄入更多的蛋白质，这是因为蛋白质是人体中的一种主要物质，为了快速促进生长和发育，应多吃容易消化吸收的瘦肉、鱼和蛋，另外牛奶和奶制品（奶酪等）也是上等蛋白质营养品。蛋和蛋制品营养价值高，热量含量较少，每餐可食用1 ~ 2个。牛奶蛋白质和肉类蛋白质都含有蛋氨酸。蔬菜热量含量少而维生素和矿物质含量较多，应大量食用。水果则更是老少皆宜的健康食品，其热量含量少，维生素含量多。有些坚果如核桃、花生，含有丰富的被称为“生命之花”的锌元素。

参加形体训练的青少年，应该多吃的食物有：鱼类、肉类、禽类、蛋类、牛奶及奶制品、豆浆及豆制品、蔬菜、水果、坚果（核桃、瓜子、花生等）等。不吃或应少吃的食物有：动物脂肪和油腻食物、胆固醇高的食物（动物内脏、黄油等）、盐（人体摄入钠过多易得高血压等疾病）、酒等。

任务实训

1. 小组成员互相合作，按照已制订好的计划来实施，在实施中不断地完善计划方案。

2. 教师监控整个计划的实施过程，当发现小组成员有困难时给予一定的帮助。

3. 教师引导各小组用理论指导实践，按照由简单到复杂、由单个到组合的学习规律进行训练。小组成员之间要互相纠正错误动作。

4. 小组成员创作动作组合并配合音乐、语言讲解。小组成员练习时要反复练习组合动作，使动作达到熟练，进而能自然大方、规范得体地表现出来，从而获得学习的成就感。基本步伐训练任务实施计划表如表 3–5 所示。

表 3–5　基本步伐训练任务实施计划表

<table>
<tr><td>任务名称</td><td colspan="3">基本步伐训练</td></tr>
<tr><td>班　　级</td><td></td><td>姓　　名</td><td></td></tr>
<tr><td>小组名称</td><td></td><td>小组组长</td><td></td></tr>
<tr><td>小组成员</td><td colspan="3"></td></tr>
<tr><td colspan="4">任务时间安排（　　年　　月　　日—　　年　　月　　日）</td></tr>
<tr><td>查阅相关资料情况</td><td colspan="3"></td></tr>
</table>

续表

对任务核心理论与技能的理解与总结	
制订训练计划	

续表

训练成果展示	
训练计划完善方案	

成果展示

1. 各小组选派代表做任务汇报，包括任务的分析、资料的收集、计划的制订、分工的方案、小组编排的基本步伐训练方案。

2. 小组全体成员进行基本步伐训练的成果展示（全程拍摄视频），展示时，要有语言讲解并配合音乐完成。

3. 将成果展示视频集中存放。

评估反馈

对基本步伐训练的成果进行评估、反馈并填写表 3–6。

表 3–6　基本步伐训练评估、反馈表

任务名称	基本步伐训练		
班　　级		姓　　名	
小组名称		小组组长	
小组成员			
资料收集情况（15 分）			
计划制订情况（15 分）			
计划实施情况（15 分）			
成果展示情况	动作规范（40 分）	情境模拟环节（5 分）	语言讲解（10 分）
小组自评（30%）			
小组间互评（30%）			
教师评价（40%）			
总分			

任务四　身体骨骼畸形矫正训练

任务描述

以小组为单位进行身体骨骼畸形矫正训练。

1. 每位同学用相机或手机等工具拍下本校相关兴趣社团进行身体骨骼畸形矫正训练时的照片和视频。
2. 每位同学通过网络、书籍等途径查找身体骨骼畸形矫正训练的资料。
3. 小组内讨论、分析、比较各种身体骨骼畸形矫正训练的姿态。
4. 小组制订身体骨骼畸形矫正训练计划。
5. 实施身体骨骼畸形矫正训练计划。
6. 以小组为单位进行成果展示，要求将各种动作编排成动作组合并有语言的介绍，整套动作组合配合音乐完成。
7. 评估反馈。

任务分析

一个人的身体形态美与不美，首先要看先天生理骨骼结构，即上下肢、躯干、头颈发育是否正常及比例是否合适；第二看全身肌肉、脂肪的分布、发育是否匀称、健美；再看外在气质表现。对先天骨骼畸形问题，采用运动锻炼的手段，很难对骨骼结构加以改善，但可以通过增加肌肉来弥补缺陷，再配合相应的姿态训练，就会有一定的矫正效果。如“鸡胸”，虽然胸骨突出，但若加强训练胸大肌两侧的肌肉，“鸡胸”就不明显了；对于O形腿，这种先天的膝关节畸形是无法改变的，但通过锻炼腿部肌肉，腿的弯曲度就会有所改变，再注意平时站立时多采用前后脚错开或丁字步的姿势，就能在视觉上减轻畸形的感觉。

对于因某些不正确姿态和不良习惯形成的后天身体畸形，只要坚持正确的锻炼方法，就可以得到矫正。

实践证明，当一个人的体型、体态出现了某些缺陷的时候，可以选择某些训练动作进行锻炼，加以矫正。

知识结构图

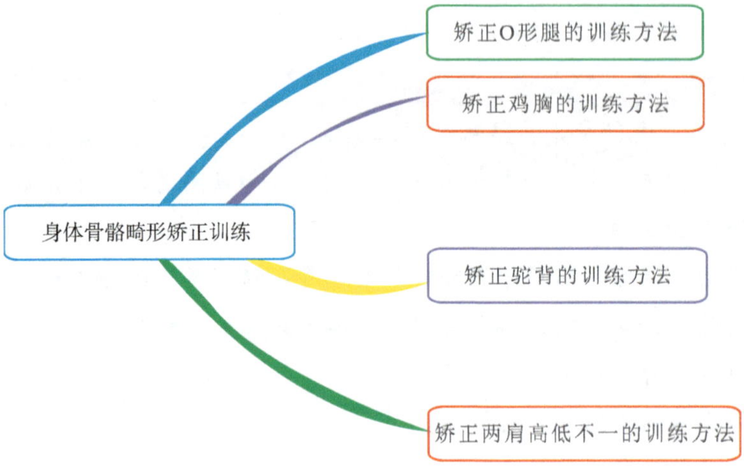
身体骨骼畸形矫正训练
矫正O形腿的训练方法
矫正鸡胸的训练方法
矫正驼背的训练方法
矫正两肩高低不一的训练方法

学习笔记

核心理论与技能

一　矫正O形腿的训练方法

矫正O形腿应重点锻炼腿部的肌肉及腿部内侧的柔韧性并加强站立技巧的训练。

1. 弓步侧压腿（柔韧练习）

弓步侧压腿的训练方法：一腿屈膝全蹲，脚尖外展，开胯，另一腿侧向伸直，脚尖内扣，两手分别扶在两膝或两臂平举于体前，臀部向下慢慢压，尽量贴近地面，之后臀部再略抬起，臀部反复下压和抬起完成压腿动作。两腿交替进行，每腿每组压15次，各做5组。

2. 负重夹腿蹲起（大腿股四头肌练习）

负重夹腿蹲起的训练方法：两腿分开与肩同宽站立，两手提哑铃或腰部、肩部负重物，下蹲后，快速夹腿站起（两膝部夹腿时内侧相触），每组做15次，共做5组。

3. 分腿夹球做提踵跳

分腿夹球做提踵跳的训练方法：两脚踝内侧夹一排球，两膝内侧相夹，两脚跟提起，下蹲，两手扶在两膝上做向前连续的蹲跳，每组做30次，共做3组。

4. 并膝分小腿坐立屈伸

并膝分小腿坐立屈伸的训练方法：并膝（大腿并紧），两小腿两侧分开，脚背绷直，两手叉腰跪立在垫子上，然后上体下坐，使臀部尽力触垫子，再向上跪立，每次持续30秒钟，共做3次。

O形腿的人士在站立时，应注意采用前后脚错开及丁字步的姿势，以在视觉上减轻畸形的感觉。

提示：O形腿是膝关节的结构问题，矫正时不可以硬压膝关节，否则会损伤膝关节和膝关节内侧的韧带。

（二）矫正鸡胸的训练方法

矫正鸡胸要重点锻炼胸肌外侧肌肉及背弓的柔韧性。

1. 双杠宽距臂屈伸（胸大肌练习）

双杠宽距臂屈伸的训练方法：两臂伸直，两手握双杠，然后屈肘，身体向下垂，动作过程中肘关节指向外侧，上身前倾，内收下巴，不要挺胸，身体下放位置尽可能放至最低点。再用力向上撑起至双臂伸直，动作过程中上身抬起使胸大肌下部垂直于地面，每组做 15 次，共做 5 组。

2. 垂直夹臂（胸大肌练习）

垂直夹臂的训练方法：坐在夹臂练习器上，小臂分别放在小臂阻力器护垫上，垂直于地面，然后两臂同时用力，使两个相分离的阻力器并在一起，每组做 12 次，共做 5 组。

3. 仰卧屈体（柔韧练习）

仰卧屈体的训练方法：仰卧在垫子上，两手臂位于身体两侧，然后两腿上举屈体，两脚抬头上，臀部抬起，髋部尽力接近两肩（双手也可屈肘托腰），做收胸、伸背的姿势，每组做 10 次，共做 5 组。

（三）矫正驼背的训练方法

大多数青少年驼背，是长期不正确的看书、写字姿势造成的，也有些青少年觉得含胸舒服，所以平时老弓着腰，导致胸椎逐渐前弯。驼背的矫正方法是重点锻炼腰背部和脊柱的肌肉，以及注意胸部的伸展。

1. 俯卧挺身（背肌练习）

俯卧挺身的训练方法：俯卧在垫子上，两手抱头，同伴帮助固定下肢（压住脚踝部），然后上体向上挺起，每组做 20 次，共做 5 组。

2. 负重弓身

负重弓身的训练方法：肩负较轻杠铃坐在凳子上，然后挺胸、直背、塌腰，身体慢慢向前倾，使腹部触及大腿，触后慢慢抬起上身，每组做 12 次，共做 5 组。

3. 挺胸压拉肩（柔韧练习）

挺胸压拉肩的训练方法：面对墙壁分腿站立，两臂上举于体前并扶墙，然后挺胸、塌腰，做拉肩展胸动作。

四　矫正两肩高低不一的训练方法

一些青少年由于肩背书包，长期用力不均，使两肩肌肉发达程度不一致，进而造成两肩高低不一。矫正此种畸形的重点是加强肩部、颈部、背部肌肉的锻炼。

1. 单肩上提（斜方肌练习）

单肩上提的训练方法：哪个肩低就练哪一侧，肩低一侧手提哑铃分腿站立，然后做肩上耸动作，每组做 15 次，共做 5 组。

2. 单手侧平举（三角肌练习）

单手侧平举的训练方法：肩低一侧手握哑铃，垂直站立或坐立。然后做侧平举动作，每组做 12 次，共做 5 组。

3. 腿架高的俯卧支撑移动

腿架高的俯卧支撑移动的训练方法：两手俯卧支撑，两腿架高。然后两臂做左右抬起的移动身体重心练习，每组做 1 分钟，共做 5 组。

学习笔记

____

____

____

____

____

延伸阅读

平衡膳食

膳食是合理营养的关键。膳食必须符合个体生长发育情况和生理状况。合理的膳食要含有人体所需要的各种营养成分且含量适当，不缺乏，也不过多，从而全面满足个体需要，以维持正常的生理功能，促进人体的生长发育和健康。平衡膳食要注意以下六点：

（1）学会计算每日需要摄入的热量，做到营养平衡，保持体重，警惕肥胖，具体的方法是：首先根据一天活动的内容详细记录全天的能量消耗数值；然后根据全天的能量消耗数值计算出每日摄入能量的数值。

（2）每日饮食中 50% 的热量应来自碳水化合物（谷物的淀粉），20% 应来自蛋白质，30% 应来自脂肪。

（3）一日三餐的时间要准时，掌握早餐好、午餐饱、晚餐少的进食原则。

（4）食物要多样化。

（5）参加耐力性的持续运动时，因运动量大，可适当补充一些碳水化合物食品，而一般健身运动只需多加一杯低糖饮料即可。

（6）在烹调中尽量少用热油炒、炸等方式，坚持低盐（每日 10 克以内）和清淡的原则。

各种食物所含营养成分及可供给的热量如表 3–7 所示。

表 3–7 各种食物所含营养成分及可供给的热量

类别	食物名称	蛋白质 /g	脂肪 /g	碳水化合物 /g	热量 /kJ
谷类	大米	7.5	0.5	79	1 467
	玉米面	9.0	4.3	73	1 534
豆类制品	绿豆芽	3.2	0.1	4	125
	豆浆	1.6	0.7	1	71
	豆腐干	18.6	5.8	8	665

续表

类别	食物名称	蛋白质 /g	脂肪 /g	碳水化合物 /g	热量 /kJ
蔬菜类	胡萝卜	2.0	0.4	5	134
	甘薯	2.3	0.2	29	531
	白萝卜	0.6	0.0	5	109
	马铃薯	1.9	0.7	28	527
	菠菜	2.0	0.2	2	75
	大白菜	1.4	0.1	3	79
	小白菜	1.1	0.1	2	54
	菜花	3.3	0.3	4	134
	芹菜	2.2	0.3	2	84
	莴笋	0.6	0.1	2	46
	茄子	2.3	0.1	3	92
	冬瓜	0.4	0.0	2	42
	黄瓜	0.8	0.2	2	54
	番茄	0.6	0.3	2	54
乳类	牛奶(鲜)	3.1	3.5	4.6	259
	牛奶(粉)	25.6	26.7	35.6	2 027
水果类	香蕉	1.2	0.6	20	376
	荔枝	0.7	0.6	13	251
	梨	0.1	0.1	12	205
	桃	0.8	0.1	7	134
	葡萄	0.2	0.0	10	171
	苹果	0.2	0.1	15	251
	橘	0.9	0.1	12	222
	柿	0.7	0.1	11	201

续表

类别	食物名称	蛋白质 /g	脂肪 /g	碳水化合物 /g	热量 /kJ
肉类	牛肉	20.1	10.2	0.0	719
	羊肉	11.1	28.8	0.5	1 279
	猪肉	16.9	29.2	11	1 400
	鸡肉	23.3	1.2	0.0	456
	鸭肉	16.5	7.5	0.1	560
蛋类	鸡蛋	14.8	11.6	0.5	686
	鸭蛋	13.0	14.7	2	777
鱼类	海蛰	12.3	0.1	3.7	268
	鲫鱼	13.0	1.1	0.1	259
	带鱼	15.9	3.4	1.5	418
	黄花鱼	17.2	0.7	0.3	318
	青虾	16.4	1.3	0.1	326

注：表中数据是指 100 g 食物的营养成分含量及供给热量。

99 个好习惯

习惯从细节做起

1. 从容大方
2. 培养自信的语言
3. 让你的笑容像阳光一样
4. 积极地表露你的热情
5. 让表达自己成为一种习惯
6. 让你的肢体语言更有感染力
7. 谈吐讲究“不凡”
8. 站、坐、走要“有形”
9. 让你的行动更干练
10. 用知识来武装自己
11. 用音乐来熏陶自己
12. 让自己的穿着大方得体
13. 时时注意自己的形象
14. 做个享受安静的人

好习惯带来好心情

15. 关键时刻要放松
16. 紧张的时候深呼吸
17. 别为小事生气
18. 学会控制自己的情绪
19. 让自己冷静而不狂躁
20. 及时给自己减压
21. 悲观时，进行自我暗示
22. 自觉保持谦逊
23. 人生不时要冒险
24. 用变通打破困境
25. 让自己充实起来
26. 虚心接受别人的批评
27. 偶尔吃亏心要宽
28. 时时提醒自己要从容
29. 经常进行自我对话
30. 定期进行自我评估
31. 每天自省一小时
32. 进行适当的自我肯定
33. 正确认识自己的缺点
34. 做自己“害怕”的事

好习惯造就好生活

35. 每天早晨锻炼半小时
36. 养成吃早餐的习惯
37. 吃饭只吃八分饱
38. 养成吃鱼的习惯
39. 蔬菜水果天天吃
40. 多吃粗纤维食品
41. 定时补充水分
42. 常喝绿茶，体会茶的意蕴
43. 经常服用维生素
44. 戒烟戒酒，戒掉恶习
45. 养成按时作息的习惯
46. 静心养神一刻钟
47. 随时随地活动身体
48. 走走楼梯好处多
49. 带上绳子去运动
50. 学会用游泳强健心肺
51. 永远是跑步一族
52. 保持快速步行
53. 爬爬山，出出汗
54. 定时走进健身房
55. 爱上瘦身运动
56. 忙里偷闲
57. 定期体检，为健康护航
58. 经常和大自然亲密接触

好习惯成就好前程

59. 养成制订有效目标的习惯
60. 经常进行战略思考
61. 用计划来掌控全局
62. 遵循规则，尊重规则
63. 大事化小，分段完成
64. 安排工作要主次分明
65. 管理好自己的时间
66. 心动就要行动
67. 效率从办公桌开始
68. 用图表规划行程
69. 全力以赴地做事
70. 注重细节
71. 快速处理小事
72. 一次只做一件事
73. 让电话变简洁
74. 养成不屈不挠的风格
75. 尽善尽美，方成就大事
76. 把喜怒哀乐藏起来

好习惯赢得好人缘

77. 准时赴约
78. 用“眼睛”去倾听
79. 记住别人的姓名
80. 认认真真去握手
81. 少谈些自己，多谈些他人
82. 投其所好来交流
83. 表达真情实感
84. 做个好听众
85. 多多鼓励，善于激励
86. 双赢思维
87. 不要抱怨别人
88. 别总指责别人
89. 学会交流，多与人协作
90. 尊重别人的隐私
91. 善待他人
92. 宽容是交友之道
93. 用心经营自己的家庭
94. 利用充满爱与感激的小纸条
95. 每天对亲人说句“我爱你”
96. 别把工作带回家
97. 营造温情的家庭日
98. 小礼物的惊喜
99. 把对方的优点说出来

（资料来源：云海. 成就一生的99个好习惯. 哈尔滨：哈尔滨出版社，2006.）

❄ 任务实训 ❄

1. 小组成员互相合作，按照已制订好的计划来实施，在实施中不断地完善计划方案。

2. 教师监控整个计划的实施过程，当发现小组成员有困难时给予一定的帮助。

3. 教师引导各小组用理论指导实践，按照由简单到复杂、由单个到组合的学习规律进行训练。小组成员之间要互相纠正错误动作。

4. 小组成员创作动作组合并配合音乐、语言讲解。小组成员练习时要反复练习组合动作，使动作达到熟练，进而能自然大方、规范得体地表现出来，从而获得学习的成就感。身体骨骼畸形矫正训练任务实施计划表如表 3–8 所示。

表 3–8　身体骨骼畸形矫正训练任务实施计划表

任务名称	身体骨骼畸形矫正训练		
班　　级		姓　　名	
小组名称		小组组长	
小组成员			
任务时间安排（　　年　　月　　日—　　年　　月　　日）			
查阅相关资料情况			

续表

对任务核心理论与技能的理解与总结	
制订训练计划	

续表

训练成果展示	
训练计划完善方案	

成果展示

1. 各小组选派代表做任务汇报，包括任务的分析、资料的收集、计划的制订、分工的方案、小组编排的骨骼畸形矫正训练方案。

2. 小组全体成员进行骨骼畸形矫正训练的成果展示（全程拍摄视频），展示时，要有语言讲解并配合音乐完成。

3. 将成果展示视频集中存放。

评估反馈

对身体骨骼畸形矫正训练的成果进行评估、反馈并填写表 3–9。

表 3–9　身体骨骼畸形矫正训练评估、反馈表

任务名称	身体骨骼畸形矫正训练		
班　　级		姓　　名	
小组名称		小组组长	
小组成员			
资料收集情况（15 分）			
计划制订情况（15 分）			
计划实施情况（15 分）			
成果展示情况	动作规范（40 分）	情境模拟环节（5 分）	语言讲解（10 分）
小组自评（30%）			
小组间互评（30%）			
教师评价（40%）			
总分			

项目整体评价

对姿态塑造的训练成果进行评估并填写表 3–10。

表 3–10　姿态塑造评分表

项目	内容	分数
身体各部位动作训练	头颈训练（5 分）	
	肩部训练（5 分）	
	芭蕾舞手位训练（5 分）	
	手臂波浪训练（5 分）	
	手臂摆动与绕环训练（5 分）	
	芭蕾舞脚位训练（5 分）	
	腿的基本动作训练（5 分）	
扶把训练	压腿训练（5 分）	
	小踢腿训练（5 分）	
	擦地训练（5 分）	
	蹲训练（5 分）	
	弹腿训练（5 分）	
	划圈训练 5 分）	
	压脚跟训练（5 分）	
基本步伐训练	柔软步训练（5 分）	
	足尖步训练（5 分）	
	变换步训练（5 分）	
身体骨骼畸形矫正训练	矫正 O 形腿训练（3 分）	
	矫正鸡胸训练（4 分）	
	矫正驼背训练（5 分）	
	矫正两肩高低不一训练（3 分）	
合计		

项目思考与练习

1. 伴随音乐，对着镜子练习各种基本姿态动作。
2. 将各种基本姿态动作编排成一整套训练动作并进行表演。

内在素质提升

美术欣赏

在几千年的文明进程中，人们逐步形成了美的概念并创作了大量的美术作品，这些美术作品取材都来源于生活并高于生活。美术作品就是要通过不同的表现手法来诠释人们对美的理解和向往。它们有的反映人们对大自然的热爱，有的反映帝王的威严，有的反映人们对英雄的崇敬，有的反映宗教文化及其特征，可以说美术反映出了自然、社会生活的方方面面。美术也通过某些表现手法，反映了人们对自然、社会的理解和对美的向往，因此，通过美术作品认识客观世界，会有一种全新发现，不同的表现手法诠释着人们对美的不同理解和向往。

由于东西方文化不同，所以艺术的表现形式也不一样。一般而言，西方艺术重客观，东方艺术重主观。故在绘画上，西洋画多注重形式，中国画则注重神韵。两者比较起来，有以下几点不同。

西洋画线条都不太显著，而中国画则盛用线条。线条大都不是物象所原有的，而是画家用以代表两物象的界限的。西洋画极注重透视法，而中国画不注重透视法。透视法，就是在平面上表现立体物。西洋画力求形似，因此非常讲究透视法。西洋画很重解剖学，而中国画不讲解剖学。西洋画重写实，因此必描背景。中国画重传神，故必删除琐碎而特

写其主题，以求印象强烈。西方绘画题材以人物为主，而中国画则多以自然为主。

总之，美术欣赏不仅可以了解古今中外的自然风貌、人物、历史和宗教，以此扩大我们的知识面、开阔我们的视野，还能让我们受到美的熏陶，积累丰富的审美经验，提高审美能力，逐步形成高尚的审美情操，以提高我们的艺术素养和道德修养。

一 中国画欣赏

（一）优秀作品欣赏

1. 富春山居图（见图 3-24、图 3-25）

图 3-24　富春山居图（局部一）

图 3-25　富春山居图（局部二）

《富春山居图》由元代画家黄公望所作。黄公望，本姓陆，名坚，江苏常熟人。

此图描绘富春江两岸初秋的景色。开卷描绘彼岸水色，远山隐约，接着是连绵起伏、群峰争奇的山峦，之后是茫茫江水，天水一色，最后则高峰突起，渔舟垂钓。山和水的布局疏密得当，层次分明，大片的空白体现了长卷画的构成特色。

画家用笔利落，虽学习借鉴了董源的风格，但比董源更简约，更少运用概念化处理手法，因而也就更透彻地表现了山水树石的灵气和神韵。黄公望极注意层次感，前山后山的关系改变了传统屏风似的排列，而是由近而远地自然消失，虚实相生，过渡微妙，渲染力和层次感增强。

画面仅用水墨渲染，若明若暗的墨色，经过这位大师的巧妙处理，深浅浓淡不匀的水墨在宣纸上转化为无穷的“色彩”，使画面空白具有真实的空间感，给人以挥洒奔放、一气呵成的深刻印象，超越了随类赋彩的传统观念，自然地笼罩在景物之上，化为一种明媚的氛围，令人倍感亲切。这也是黄公望对客观外界和主观感受高度尊重的体现。

2. 韩熙载夜宴图（见图 3-26、图 3-27）

《韩熙载夜宴图》由南唐画家顾闳中创作。此画由五个片段组成，分别是听琴、观舞、休憩、赏乐和调笑。第一场景描绘了韩熙载与来宾聆听乐女弹奏琵琶；第二场景描绘了舞女在韩熙载的击鼓声中翩翩起舞；第三场景描绘了韩熙载在围床上休息；第四场景描绘了韩熙载手执纨扇欣赏乐女吹奏；第五场景描绘了韩熙载和宾客与乐女调笑，以此结束夜宴。这五个片段可以各自独立成章，但相互之间又有一定的关联。它们主要表现了韩熙载玩世不恭的生活态度和忧郁苦闷的心情，客观上揭露了当时封建统治阶级奢侈腐化的生活及社会激烈的内部矛盾。

图 3-26　韩熙载夜宴图（局部一）

图 3-27　韩熙载夜宴图（局部二）

由于画家顾闳中的深厚功力和高超的绘画技巧，使这幅画卷在造型、用笔、设色等方面都取得了非凡的成就。

画面上虽然也描绘了不同的场面、情景，但其重点是人物形象，尤其是对主人公韩熙载的刻画。这一人物在不同的场合出现，有时是端坐，有时是闲立，有时是击鼓，有时是洗手，有时是正面，有时是侧身，但从全图来看，他的形象和气质是统一协调的。这就突破了一般故事情节中人物形象描写的布局，具备了肖像画的特点。在设色方面，以浓重色调为主，层层深入，不过有的也配以淡彩，但运用得相当自然。这种绚丽的色彩，大大地渲染了富丽堂皇的环境气氛，更加衬托出人物精神的空虚忧郁。全图的结构十分特别，五段画面的间隔和相连，通过室内常用的装饰屏风来实现，可谓独具匠心。由于屏风的巧妙运用，使他在分隔场面时，丝毫不显得生硬，而在连接情节时又很自然，这是该作品结构上的一大特色。此外，图中衣冠物品等的描画也十分精美，具有很高的艺术性。整幅画面主要人物反复出现，可以说是一幅长卷式的连环画。画面第一段之间的连接处理得当，完全没有生硬的重复之感，使人身临其境，宛如把人带到了一幅既可望又可行的长卷人物场景中一般。这种非同凡响的构图方式，使画面段落分明而统一，结构完整而灵活，也更富有艺术感染力。

该图是当时现实生活的写照，具有现实生活的基础。作品中的主人公韩熙载，是一个多才多艺、政治上有才干、有远见的士大夫，然而却生活在国家悲剧与个人政治悲剧相联系的南唐，这种客观现实错综复杂的矛盾折磨着他的心灵。现实中的韩熙载和作品中所塑造的艺术形象，无不凝聚着深刻的现实矛盾和精神上的空虚苦闷，这是南唐王朝的写照，也是当时上层士大夫和统治阶级生活的典型写照。此作品艺术水准高，它既显示了我国古代人物画创作的水平，也使顾闳中在中国绘画史上占有了一席之地。

（二）其他经典作品推荐

（1）历代帝王图；（2）秋山问道图；（3）虢国夫人游春图；（4）百骏图；（5）奔马图；（6）桃园仙境图；（7）万山红遍。

二 西洋画欣赏

（一）优秀作品欣赏

1. 蒙娜丽莎（见图 3–28）

图 3–28　蒙娜丽莎

《蒙娜丽莎》由“文艺复兴三杰”之一的达·芬奇创作。

达·芬奇出生在佛罗伦萨附近的一个海滨小镇。他从小就表现出高超的绘画天赋，被誉为“绘画神童”。长大后，他曾在佛罗伦萨、米兰和罗马等工作并享有圣名。达·芬奇晚年来到法国，成为国王的座上客。他的作品并不多，如《蒙娜丽莎》《最后的晚餐》《岩间圣母》《母与子》等。

画面上的蒙娜丽莎体态丰满，姿态端庄，她的脸上带着神秘的微笑，仿佛正坐在那里，看着远方。画家在创作之时特别注重精准与含蓄的结合，使画中人物的内心状态和美丽外表达到了完美统一。达·芬奇的这一创举为后世画家表现人物深层次的内在精神变化树立了典范。

至于画中人的脸上为什么带着神秘的微笑，几百年来，人们做出了无数推测。有人认为，达·芬奇在画蒙娜丽莎画像时，她正怀孕，她脸上的淡笑是一个母亲对新生命的期盼。但是反对这一观点的人则认为，画中人根本不是蒙娜丽莎，也不是达·芬奇的情人或母亲，更不是画家本人。她只是一个普通的资产阶级妇女，她脸上根本就不曾有过微笑。那看起来像是微笑的表情，不过是因为她缺少了门牙造成的假象。

神秘的蒙娜丽莎除了以其微笑著称，画中人物的眼神也是相当独特的。无论你从正面哪个角度赏画，都会发现蒙娜丽莎的眼睛直视着你，这使人感觉蒙娜丽莎仿佛是活的，会随着观众的视角走，并对所有观众报以永恒的微笑。

虽然这幅肖像画画法简单,但是人与背景之间的和谐使这幅画成为历史上最著名、最精致的画之一。画中妇人的头发与衣服的曲线与背景中山谷河流的弯曲相称。整个画的和谐体现出了达·芬奇对人与自然联系的观念，使这幅画成为达·芬奇的世界观和他杰出的艺术天分的永恒记录。

2. 马拉之死（见图 3–29）

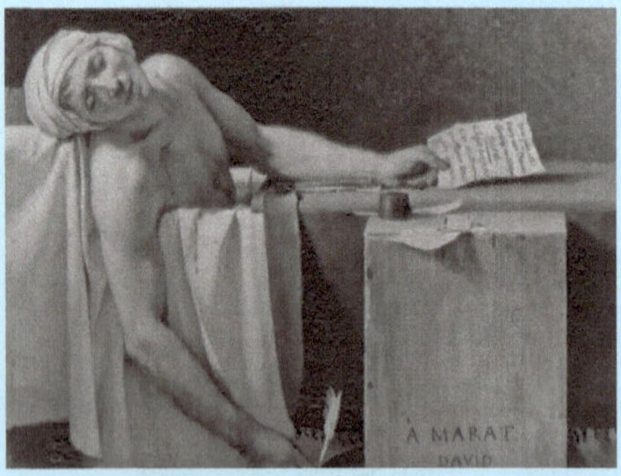

图 3–29 马拉之死

由法国画家大卫创作。大卫，法国大革命时期的杰出画家，新古典主义美术代表人物。他充满感情地创作了《网球厅宣誓》《马拉之死》《布鲁特斯》等一系列讴歌法国大革命的优秀作品。1816 年拿破仑失败后，大卫流亡到比利时的布鲁塞尔，并继续创作。

观情感中去。

画家笔下的向日葵不仅是植物，更是带有原始冲动和热情的生命体。凡高所做的向日葵，像一团熊熊燃烧的烈火，这团烈火似乎想要将每个观看过它的人的心燃烧，让每个观看的人拜服于画家的想象力。在绘画艺术漫长的发展历史中，凡高的《向日葵》成为极具代表性的作品。

（二）其他经典作品推荐

（1）夜巡；
（2）泉；
（3）加冕；
（4）格尔尼卡；
（5）失乐园；
（6）西斯廷圣母图。

项目四　气质塑造

学习情境

人的气质分为外在形体气质和内在思想气质，本项目中的气质主要指外在形体气质。健美操、瑜伽、华尔兹是以人体为对象，以健美为目标，以身体练习为内容，以艺术创造为手段，融体操、舞蹈、音乐为一体的气质塑造类形体训练项目。训练者在音乐节奏中进行全身各关节、各部位的节律运动，进入物我两忘的艺术审美境界、陶醉于音乐的旋律之中，在欢乐中改善体型和体态，提高协调性和韵律感，培养个性气质。

气质训练实景如图4-1所示。

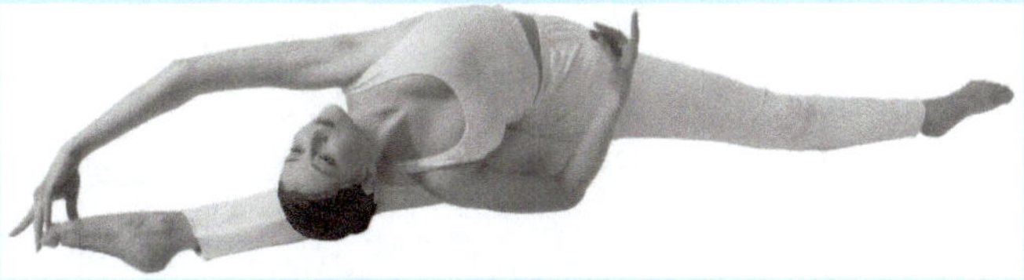

图 4-1　气质训练实景

项目技能目标

1. 能够掌握气质训练的动作要领及相关理论。
2. 能够掌握基本的健美操、瑜伽、华尔兹动作，提高肢体的协调性、灵活性，培养肢体的控制力和表现力。
3. 培养较强的语言表达能力、理解能力、观察力、自律能力、情绪控制力、团结协作能力。

任务一 健美操训练

任务描述

以小组为单位进行健美操训练。

1. 每位同学用相机或手机等工具拍下本校相关兴趣社团进行健美操训练时的照片和视频。
2. 每位同学通过网络、书籍等途径查找健美操训练的动作要求。
3. 小组内讨论、分析、比较各种健美操训练的姿态。
4. 小组制订健美操训练计划。
5. 实施健美操训练计划。
6. 以小组为单位进行成果展示，要求将各种姿势编排成动作组合并有语言的介绍，整套动作组合配合音乐完成。
7. 评估反馈。

任务分析

“健美操”源于英文“aerobics”，意为“有氧运动”“有氧健美操”。有氧运动最早于20世纪60年代开始在美国推广。健美操原来只强调“有氧运动”的重要性，并且以训练心肺功能为主要目的。有氧运动最初以有氧跑步健身为主，随着有氧运动的发展，到20世纪70年代末，健美操运动逐渐受到大众的欢迎。20世纪80年代初，美国健身、影视明星简·方达根据自己的健身经验和体会大力推广有氧健美操运动，1981年，她编写出版了《简·方达健美术》并引起了世界性的轰动，这对健美操运动在全世界的发展起到了积极的作用。健美操运动于20世纪80年代初传入我国。1987年中国举办了首届“长城杯”健美操电视邀请赛。健美操具有四个本质特征：健身、健美和健心的一体性特征；运动的多变和协调性特征；运动负荷大小可调的有针对性特征；鲜明的节奏感和韵律性特征。

健美操可分为“竞技健美操”和“健身健美操”。

竞技健美操观赏性好、有一定难度，它对健美操运动有很大的推广作用，但它不太适合大众的健身需求。健身健美操则是适合大众健身的普及性健美操。

健身健美操有许多风格，如一般健身操、爵士健身操、踏板健身操、搏击健身操、瑜伽健身操等。健身健美操根据不同的划分标准，有不同的分类。

根据锻炼者的年龄，健身健美操分为：儿童健美操、青少年健美操、中老年健美操。

根据锻炼目的，健身健美操分为：康复健美操、保健健美操。

根据徒手与否，健身健美操分为：徒手健美操、持器械健美操。

根据锻炼部位，健身健美操分为：颈部、胸部、腰部、腿部、手臂、臀部等的局部健美操。

1 至 5 分钟的工间操、广播操等不能称为健身健美操。真正有健身效果的健美操通常指“有氧健美操”。参加有氧健美操的锻炼者，一般要保证每周 3 次左右的锻炼频率，每次锻炼要求保证在 12 分钟以上并能长期坚持不懈，锻炼者的心率保持在自己最大心率的 60% ~ 85%。

知识结构图

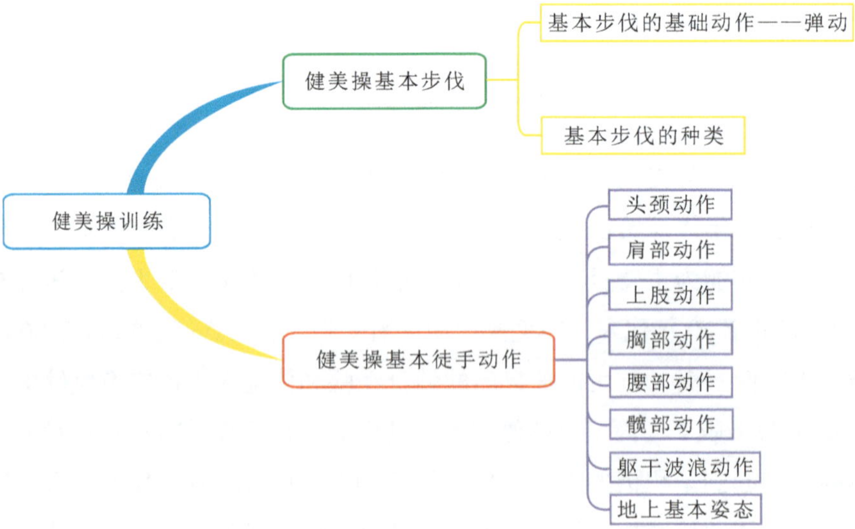

核心理论与技能

一　健美操基本步伐

健美操的基本步伐是锻炼健美操练习者下肢基本姿态的主要练习手段。

（一）基本步伐的基础动作——弹动

弹动的种类：膝弹动，膝踝弹动。

弹动的形式：并腿的弹动，分腿的弹动。

弹动的方向：前、左前45度、右前45度、左、右。

弹动的技术要求：两膝与踝关节自然屈伸。

（二）基本步伐的种类

根据动作特点及运动强度的差异，健美操的基本步伐可以分为十二大类。

1. 踏步类基本步伐

踏步类动作运动强度较低，要求在运动过程中至少有一只脚与地面保持接触。踏步类基本步伐的常见种类如下：

（1）踏步。

①踏步的动作描述：两腿原地依次抬起，依次落地。

②踏步的种类：脚尖不离地的踏步；脚离地的踏步；高抬腿的大幅度踏步。

③踏步的形式：原位踏步、移动踏步及转体踏步。

④踏步的方向：前、后、左、右。

⑤踏步的技术要点：下落时，踝、膝、髋关节依次有弹性地缓冲；落地时，由脚尖过渡到脚跟着地；屈膝时，胯微收，两臂自然前后摆动。

踏步训练如图4–2所示。

图 4-2　踏步训练

（2）“一”字步。

①“一”字步的动作描述：一脚向前一步，另一脚并于前脚，然后再依次还原。

②“一”字步的方向：前、后、斜向、弧形。

③“一”字步的技术要点：向前迈步时，先脚跟着地，再过渡到全脚掌；前后均要有并腿过程；每一拍动作，膝关节始终有弹性地缓冲。

一字步训练如图 4-3 所示。

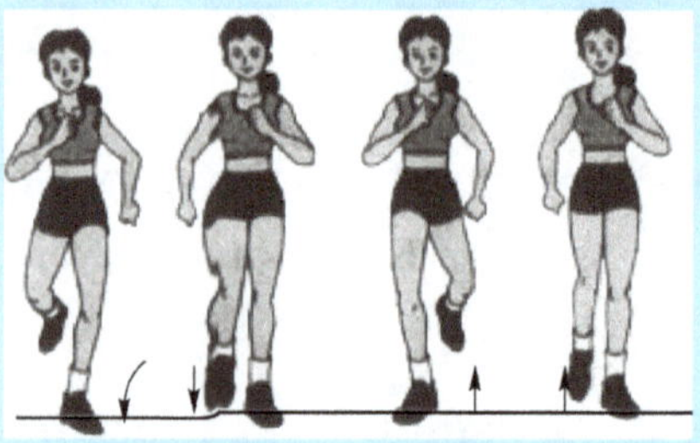

图 4-3　“一”字步训练

（3）V 形步。

① V 形步的动作描述：一脚向前侧方迈一步，另一脚随之向另一方迈一步，成两脚开立，屈膝，然后再依次退回原位。

② V 形步的种类：正 V 形步，倒 V 形步。

③ V 形步的形式：平移的、转体的和小幅度跳的正 V 形步和倒 V 形步。

④ V 形步的方向：左、右。

⑤ V 形步的技术要点：两腿膝、踝关节始终保持弹动状态，分开后成分腿半蹲，重心在两腿之间。

V 形步训练如图 4-4 所示。

图 4-4 V 形步训练

（4）漫步。

①漫步的动作描述：一脚向前迈出，屈膝，重心随之前移，另一脚稍抬起，然后原地落下；或向后撤一步，重心后移，另一脚稍抬起，然后原地落下。

②漫步的形式：平移、转体。

③漫步的方向：前、后、侧。

④漫步的技术要点：在 2 拍节奏中，快速踏步 3 次。两脚始终保持交替落地，身体重心随动作前后移动，但始终在两脚之间。

漫步训练如图 4-5 所示。

图 4-5 漫步训练

2. 并步类基本步伐

并步类基本步伐的种类如下。

（1）点地。

①点地的动作描述：一腿屈膝站立，另一腿伸出，用脚尖或脚跟点地后还原到并腿位置。

②点地的种类：脚尖点地；脚跟点地。

③点地的形式：原位点地、移动点地及转体点地。

④点地的方向：前、侧、后、斜（脚尖）；前、侧（脚跟）。

⑤点地的技术要点：点地时，有弹性地点，腿自然伸直。支撑腿始终保持屈膝站立并随动作有弹性地屈伸。如图 4-6 所示，脚尖点地时，一腿稍屈膝站立，另一腿伸出，脚尖点地，然后还原到并腿姿势。如图 4-7 所示，脚跟点地时，一腿稍屈膝站立，另一腿伸出，脚跟点地，然后还原到并腿姿势。只可做向前和向侧的脚跟点地。

图 4-6 脚尖点地训练

图 4-7 脚跟点地训练

（2）移重心点地。

①移重心点地的动作描述：一脚向侧迈一步，两腿经屈膝转移重心，另一腿在前、侧或后用脚尖或脚跟点地。

②移重心点地的种类：双腿的移重心点地、单腿的移重心点地。

③移重心点地的形式：原位的移重心点地；移动的移重心点地；转体的移重心点地；跳的移重心点地。

④移重心点地的方向：前、后、左、右。

⑤移重心点地的技术要点：身体重心从一端移向另一端时，必须经两腿之间，两膝同时有弹性地屈伸，重心移动轨迹呈弧形，上体不要扭转。

移重心点地训练如图 4-8 所示。

图 4-8 移重心点地训练

（3）并步。

①并步的动作描述：一脚迈出，另一脚随之并拢屈膝点地，再向反方向迈步。

②并步的种类：两腿同时屈的并步、一直一屈的并步。

③并步的形式：原位的并步、移动的并步（“之”字步）、转体的并步。

④并步的方向：前、后、左、右。

⑤并步的技术要点：一脚并于另一脚，重心要随之移动，两膝自然屈伸，两膝始终保持弹动，动作幅度和力度可随风格而定。

并步训练如图 4–9 所示。

图 4–9　并步训练

（4）侧交叉步。

①侧交叉步的动作描述：一脚向侧迈一步，另一脚在其后交叉，随之再向侧迈一步，另一脚并拢，屈膝点地。

②侧交叉步的形式：平移的交叉步、转方向的交叉步、小幅度跳的交叉步。

③侧交叉步的方向：前、后、侧。

④侧交叉步的技术要点：一脚迈出，另一脚在前或在后交叉，重心随之移动，第一步脚跟先落地，身体重心快速随着脚步而移动，保持膝、踝关节的弹动。

侧交叉步训练如图 4–10 所示。

图 4–10　侧交叉步训练

3. 弓步类基本步伐

①弓步类基本步伐的种类：静力性的弓步、动力性的弓步。

②弓步类基本步伐的形式：左右弓步、移动重心的弓步、移动的弓步、转体的弓步、跳的弓步。

③弓步类基本步伐的方向：前、后、侧。

④弓步类基本步伐的技术要点：一腿屈膝，脚尖与膝垂直，另一腿伸直，重心落于两腿之间。

4. 半蹲类基本步伐

①半蹲类基本步伐的种类：小分腿半蹲、大分腿半蹲。

②半蹲类基本步伐的形式：向侧一次、向侧两次、转体。

③半蹲类基本步伐的方向：左、右。

④半蹲类基本步伐的技术要点：半蹲时，要立腰。

5. 吸腿类基本步伐

①吸腿类基本步伐的动作描述：一腿屈膝抬起，落下还原。

②吸腿类基本步伐的形式：原位的吸腿及跳、移动的吸腿及跳、转体的吸腿及跳。

③吸腿类基本步伐的方向：侧、前。

④吸腿类基本步伐的技术要点：大腿用力上提，小腿自然下垂。支撑腿保持屈膝弹动，大腿上抬超过水平，上体保持正直。

吸腿训练如图 4-11 所示。

图 4-11 吸腿训练

6. 弹踢类基本步伐

①弹踢类基本步伐的动作描述：一腿站立，另一腿先向后屈，再向前下方弹踢，还原。

②弹踢类基本步伐的形式：原位的弹踢腿及跳、移动的弹踢腿及跳、转体的弹踢腿及跳，弹踢腿起始动作和结束动作。

③弹踢类基本步伐的方向：前、后、侧。

④弹踢类基本步伐的技术要点：大腿抬起至一定角度后，小腿自然弹直。腿弹出时要有控制，保持上体正直。

弹踢腿训练如图 4–12 所示。

图 4–12 弹踢腿训练

7. 开合跳类基本步伐

①开合跳类基本步伐的种类：双起双落的开合跳（两次开合、连续开合）、单起双落的开合跳。

②开合跳类基本步伐的形式：原位的开合跳、移动的开合跳、转体的开合跳。

③开合跳类基本步伐的方向：前。

④开合跳类基本步伐的技术要点：分腿时，两脚自然外开，膝关节沿脚尖方向弯曲；跳起与落地时，注意屈膝缓冲。

8. 踢腿类基本步伐

①踢腿类基本步伐的动作描述：一腿稍屈膝站立，另一腿抬起，然后还原。

②踢腿类基本步伐的形式：原位的踢腿及跳、移动的踢腿及跳、转体的踢腿

及跳。

③踢腿类基本步伐的方向：前、侧、斜。

④踢腿类基本步伐的技术要点：腿上踢时，须加速用力；立腰时，上体尽量保持不动。

踢腿训练如图 4–13 所示。

图 4–13　踢腿训练

9. 后踢腿跳类基本步伐

①后踢腿跳类基本步伐的动作描述：一腿站立（跳起），另一腿向后屈膝，放下腿还原。

②后踢腿跳类基本步伐的形式：原位的后踢腿跳、移动的后踢腿跳、转体的后踢腿跳。

③后踢腿跳类基本步伐的方向：后。

④后踢腿跳类基本步伐的技术要领：支撑腿保持弹性，两膝并拢，髋和膝在一条线上或后提，小腿尽量叠于大腿。

后踢腿跳训练如图 4–14 所示。

图 4–14　后踢腿跳训练

10. 点跳类基本步伐

①点跳类基本步伐的动作描述：以右脚起步为例，左脚蹬地跳起，同时右脚向侧迈步、落地，随后左脚并右脚点地。反方向做一次，动作相同，方向相反。

②点跳类基本步伐的形式：原位的点跳、移动的点跳、转体的点跳。

③点跳类基本步伐的方向：侧、前、后。

④点跳类基本步伐的技术要点：点地时身体重心在一条腿上。

11. 摆腿跳类基本步伐

①摆腿跳类基本步伐的动作描述：一腿向上跳起，另一腿做摆动，落地时两腿屈膝缓冲。

②摆腿跳类基本步伐的形式：原位的摆腿跳、移动的摆腿跳、转体的摆腿跳。

③摆腿跳类基本步伐的方向：侧、前。

④摆腿跳类基本步伐的技术要点：保持上体正直，主力腿屈膝缓冲，摆动腿抬起时幅度不要过大。

摆腿跳训练如图 4–15 所示。

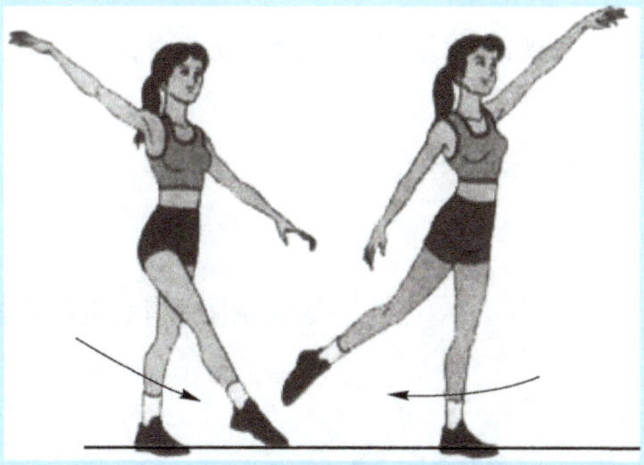

图 4–15　摆腿跳训练

12. 并步跳类基本步伐

①并步跳类基本步伐的动作描述：以右脚起步为例，右脚迈出，随之蹬地跳起，左脚并右脚，并腿落地。

②并步跳类基本步伐的形式：移动的并跳、转体的并跳。

③并步跳类基本步伐的方向：前、后。

④并步跳类基本步伐的技术要点：一腿迈出蹬地，另一腿并上，身体重心随之跟上，落地时注意缓冲。

健美操基本步伐的划分说明：

（1）健美操基本步伐的种类是根据动作的特点划分的；

（2）健美操基本步伐的形式是根据做动作时身体位置发生的变化来划分的；

（3）健美操基本步伐的方向是根据身体轴面来划分的。

二 健美操基本徒手动作

健美操基本徒手动作是根据人体活动特点而确定的。常见的健美操基本徒手动作如下。

（一）头颈动作

①头颈动作的形式：头颈的屈、头颈的转、头颈的平移、头颈的绕及绕环。

②头颈动作的方向：前、后、左、右的屈和平移；左和右的转、绕、绕环。

③头颈动作的技术要点：做各种形式的头颈动作时，节奏一定要慢，上体保持正直。

（二）肩部动作

①肩部动作的形式：单肩的、双肩的提肩和沉肩；收肩和展肩；单肩的、双肩的绕和绕环；振肩。

②肩部动作的方向：前、后的绕及绕环。

③肩部动作的技术要点：提肩、沉肩时两肩在同一额状面上，尽量上下运动，收肩、展肩的幅度要大，肩部要平，振肩动作要有速度、力度和弹性。

（三）上肢动作

1. 手型

健美操中的手型有多种，是从芭蕾舞、现代舞、迪斯科、武术中吸收和发展的。

手型是手臂动作的延伸和表现，运用得好，会使健美操动作更加丰富多彩，生动活泼，更具有感染力。健美操常见的手型如下。

（1）五指并拢式：五指伸直、并拢，大拇指微屈，指关节贴于食指旁。

（2）五指分开式：五指用力伸直，充分张开。

（3）芭蕾手式：五指微屈，后三指并拢、稍内收，拇指内扣。

（4）拳式：握拳，拇指在外，指关节弯曲。

（5）立掌式：五指伸直，手掌用力上翘。

（6）西班牙舞手式：五指用力，小指、无名指、中指，自指关节处依次屈，拇指稍内扣。

（7）花式：在五指分开式的基础上，小指伸直向掌心回弯到最大限度，无名指会随小指回弯，稍内扣。

（8）一指式：握拳，食指伸直或拇指伸直。

（9）响指：拇指与中指、食指摩擦并发出响声，无名指、小指屈指。

2. 臂动作

①臂动作的形式：臂的举（直臂和屈臂、单臂和双臂）；臂的屈伸（同时、依次）；臂的摆动（同时、依次、交叉）；臂的绕及绕环（单臂和双臂，小绕、中绕、大绕）；臂的振等。

②臂动作的方向：前、后、左、右、上、下等。

③臂动作的技术要点：做臂的举、屈伸时，肩下沉；做臂的摆动、绕及绕环时，肩拉开用力。

（四）胸部动作

①胸部动作的形式：含胸、展胸、振胸。

②胸部动作的技术要点：练习胸部动作时要收腹、立腰。

（五）腰部动作

①腰部动作的形式：腰的屈、腰的转、腰的绕和绕环。

②腰部动作的方向：前、后、左、右。

③腰部动作的技术要点：腰屈、转时，上体立直；腰绕和绕环时，速度放慢。

（六）髋部动作

①髋部动作的形式：顶髋、提髋、摆髋、绕和绕环髋。

②髋部动作的方向：前、后、左、右。

③髋部动作的技术要点：练习髋部动作时，上体要放松。

（七）躯干波浪动作

①躯干波浪动作的形式：身体前波浪等。

②躯干波浪动作的方向：前、后、左、右。

③躯干波浪动作的技术要点：做波浪动作时要协调连贯。

（八）地上基本姿态

①地上基本姿态的形式：坐（直角坐、分腿坐、跪坐、盘腿坐）、卧（仰卧、俯卧、侧卧）、撑（仰撑、俯撑、跪撑）等。

②地上基本姿态的技术要点：做各种坐姿时，要收腹、立腰、挺胸；撑时，腰背要紧张。

学 习 笔 记

延伸阅读

一　什么是健美操

健美操是在音乐伴奏下、以身体练习为基本手段、以有氧运动为基础，达到增进健康、塑造形体和娱乐等目的的一项体育运动。

健美操起源于传统的有氧健身运动，是有氧运动的一种，它通常采用徒手或轻器械进行练习，是在氧供应充足的情况下，以人体有氧系统提供能量的一种运动形式。健美操是持续一定时间的、中低强度的全身性运动，主要锻炼练习者的心肺功能，塑造良好的形体。

近年来，随着健身运动的不断发展，人们对健身的理解进一步加深，健身的科学化程度不断提高，对健身的需求也更加多样化和个性化，因此出现了多种新的健身形式，如近年来兴起的水中健美操和利用移动器械的有氧练习，以及在特殊场地进行的固定器械的有氧练习等，这些新的健身形式使健美操运动的内容更加丰富，适合的人群更加广泛，健身的效果更好，同时降低了损伤的可能。健美操运动正是在此大环境下得到迅速发展的并呈现出更加多样化和科学化的发展趋势。虽然健美操运动发展的历史不长，但已深受广大群众的喜爱。健美操不仅突出动作“健”和“力”的特点，而且更强调“美”，由于将人体语言艺术和体育美学融为一体，健美操已成为一个极具观赏性的体育运动项目。随着人们生活水平的提高，健美操在我国越来越受到欢迎。

二　健美操的分类

健美操分为竞技性健美操和健身性健美操两类。

（一）竞技性健美操

目前世界上公认的竞技性健美操的定义是：“在音乐伴奏下，完成连续复杂的和高强度动作的能力，该项目起源于传统的有氧健身舞。”竞技性健美操以成套动作为表现形式，在成套动作中必须通过连续的动作组合展示柔韧性、力量与基本步伐的综合使用。竞技性健美操的主要目的是“竞赛”，其比赛项目有男单、女单、混双、三人和六人。竞技性健美操在参赛人数、比赛场地和成套动作的时间等方面都必须严格遵循相关规则。

由于竞赛的主要目的就是取胜，因此竞技性健美操在动作的设计上更加多样化并严格避免重复性动作和对称性动作。

（二）健身性健美操

练习健身性健美操的主要目的是“锻炼身体，保持健康”。健身性健美操的动作简单，实用性强，音乐速度也较慢，为了保证一定的运动负荷和锻炼的全面性，动作多有重复并均以对称的形式出现。健身性健美操的练习时间可长可短，在练习的要求上也可以根据个体情况而变化，其严格遵循“健康、安全”的原则，防止运动损伤的出现，在保证安全的基础上，达到锻炼身体的目的。

健身性健美操按练习形式可分为徒手健美操、轻器械健美操和特殊场地健美操三大类。

徒手健美操包括传统意义上的一般健美操和为满足不同人群兴趣和需求的各种不同风格的健美操。传统意义上的一般健美操目前仍很受欢迎，其主要练习目的是提高心肺功能和人体的有氧代谢能力。随着社会的发展和生活水平的提高，人们健身的需求越来越多样化，因此近年来出现了多种新的徒手健美操练习形式。在国内外流行的拳击健美操和搏击操，其主要练习目的是增强肌肉的力量、弹性与身体的柔韧性，尤其是搏击操练习对训练腰腹肌肉有特殊的效果。拉丁健美操和街舞，其练习形式多以群体练习为主，动作变化丰富，不仅能提高练习者的协调能力，而且能调节练习者的心理，因此深受年轻人的喜爱。

器械健美操是利用轻器械、以力量练习为主的一种有氧健美操。器械健美操利用各种可移动的轻器械进行练习，既增强了健身的效果，同时也使健美操的练习形式更加多样化。目前利用轻器械的力量练习是世界范围内最受欢迎和发展最快的健身项目之一。

特殊场地健美操以其特殊的功效，目前在国内外发展很快，常见的特殊场地健美操有水中健美操和固定器械健美操。水中健美操是目前国外非常流行的一种独特的健美操练习形式，它可以减轻运动中地面对膝踝关节的冲击力，有效减少关节的负荷并利用水的阻力及水传导热能快的原理来提高练习效果，达到锻炼身体和减肥的目的，因此深受中老年人，康复病人和减肥者的喜爱。健美操练习者还可根据自己的需要进行固定器械健美操练习，达到锻炼身体的目的。

二 健身健美操的创作编排

（一）健身健美操的创作编排原则

1. 全面性原则

为了达到身体全面发展的目的，在创作编排成套健美操时，要尽可能充分地使整个机体参与运动，使身体各部位的肌肉、关节、韧带及内脏器官得到全面锻炼。成套健身健美操的动作一般包括头、颈、肩、腰、髋、腹、背和上下肢运动。为使身体全面均衡的发展，在设计动作时，应考虑动作的对称性。同时，还应设计一些走、跑、跳的动作，以锻炼人体的心肺功能。另外，在保证身体各部位均衡发展的基础上，还应重视编排健美操的不对称动作，这有助于改善人的神经系统功能状况，提高人的协调灵敏性。

创作编排健身健美操时，还应考虑动作的时空变化，如动作的方向有上下、左右、前后、斜向等变化，动作的路线有长短、曲直的搭配，在动作的幅度、速度、力度方面有大小、快慢、强弱的对比。健美操时间表象（速度、频率、持续时间）和空间表象（方向、路线、幅度、力度）的变化丰富与否将直接影响健美操的锻炼效果。

2. 针对性原则

健身健美操的创作编排除自始至终要遵循全面性的基本原则外，在具体创作编排时还要针对不同的任务、对象、场地、器材等情况和特点，使创作编排切合实际，有所侧重，有的放矢，以取得实效。坚持针对性的原则主要体现在以下几个方面。

①视练习目的创作编排。

健美操可根据不同的锻炼目的分为形体健美操、减肥操、矫正操、保健操等，因此在创作编排时，对动作的选择和量的分配应根据不同的练习目的而有所侧重。

②因人而异创作编排。

不同年龄、性别、职业、身体状态、运动水平、文化层次的练习者对健身健美操的需求、爱好和接受能力都有所不同，因此创作编排时也要根据不同对象的生理、心理特点，在健美操的内容、风格、难度、速度及运动负荷等方面有所区别。

③因地制宜创作编排。

健身健美操的创作编排除了要针对不同的任务和对象外，还应考虑场地、器材等实际条件。如没有良好的地面条件，不宜创作编排较多的地面动作。若具备一定的器材设备，可创作编排一些轻器械健美操，以增加运动负荷，进一步增加肌力。常用的健美操练习器材有踏板、小垫、哑铃、沙锤等。

3. 合理性原则

健身健美操十分注重身体锻炼的实效性，而一套健身健美操的锻炼功效首先取决于该套动作的动作顺序设计和运动负荷安排的合理性。合理性原则是体现健身健美操科学性的一项重要原则。坚持合理性原则主要体现在以下几个方面：

①编选动作恰当。

健身健美操的动作对身体的影响程度是不同的，而且每节操又有不同的锻炼侧重点，因此在创作编排每节操时，要注意选择对完成该节锻炼任务有切实作用的动作，突出这节操的特点。如果每节操的动作都能使人体的某些部位得到充分的运动，那么整套操对人体的锻炼就会全面充分、切实有效，反之，若每节操名不符实、蜻蜓点水或花架子动作太多，则会影响锻炼实效。

②动作设计合理。

根据人体运动的生理规律，成套健身健美操的动作顺序一般分为三部分。第一部分为预备动作，包括深呼吸及脊柱的伸展。第二部分为主体动作，包括若干身体部位的运动，动作一般从人体远端开始，自头或足始，逐渐过渡到肩、胸、腰、髋，乃至整个上下肢和躯干，身体运动由局部到整体，由慢至快，由弱至强，高潮在跳跃运动。第三部分为整理放松动作，包括踏步和全身放松调整，动作速度渐慢并伴以深呼吸，以使心率逐渐恢复到安静状态。

③运动负荷科学。

每套健美操动作的创作编排应严格遵循运动的生理解剖规律，其运动强度都应符合健身指标的要求。每次运动的负荷应由小到大，动作应由简到繁，强度应由弱到强，逐步增加身体负荷。当达到和保持一定的运动负荷后，再逐步减小运动量，使心率变化由低到高，波浪形地逐渐上升，然后再逐渐恢复到平静状态，从而使心血管系统、呼吸系统、消化系统和内脏器官功能得到改善和提高。

4. 艺术性原则

①音乐选配的艺术性。

音乐是健美操的灵魂，它影响着健美操的风格、结构、速度、节奏，音乐选配得好就容易激发练习者的锻炼激情。在创作编排动作时，要根据音乐的背景、民族习俗、文化特点，尽量设计出既能充分表达音乐的内涵，同时又不失健美操特点的动作，使动作与音乐的风格融为一体，达到音乐和动作相互促进的效果，反之，就失去了健美操的艺术价值。

另外，在选配音乐时除应注意音乐与动作的风格要统一外，还应考虑到健美操是健、力、美的统一体，所选编的音乐旋律要动听、力求新颖、富于变化；节奏要鲜明、强劲、规整；速度要适中。健身健美操的音乐速度一般是24拍/10秒。面向我国广大群众的健身健美操的音乐，还应体现民族风格、突出时代特征。

②动作设计的艺术性。

健身健美操动作设计的艺术性首先体现在整套操的动作风格除了要符合锻炼目的和练习对象的特点外，还要求风格统一，切忌一节操老成持重，一节操稚气十足；一节操古朴典雅，一节操时尚现代。其次，由于健身操强调健、力、美的结合，因此设计的动作要求幅度大、力度强、造型美，但每节操的动作不宜太满、太急，以使练习者能够充分做到位和充分发力，真正发挥健身操的锻炼实效。最后，健美操动作应丰富新颖、富有特色。由于健美操的基本动作是有限的，因此，广泛吸收和借鉴体操、舞蹈、武术等其他项目的动作是十分必要的，巧妙多样的组合也可以变有限为无限，产生新颖丰富的视觉效果。

（二）健身健美操的创作编排步骤

1. 创作编排前的准备

创作编排前的准备包括：明确创作编排的目的、任务、要求；了解练习者多方面的情况（性别、年龄、职业、文化水平、身体状况、运动基础等）；了解锻炼时间、场地、器材设备等条件；学习有关创作、编排健身健美操的文字和录像资料。

2. 制订总体方案

在了解多方面情况的基础上，确定所编健美操的类别、风格、难度、长度、速度，设计操的结构顺序、主要动作类型及高潮的安排等。在有了基本构思后选配、剪接音乐，音乐又可以启发创作编排者的构思，补充、修改总体方案。最后可通过总体方案表将总体构思归纳起来，以便从整体上检查总体构思的完备性和合理性并以此为纲进行下一步的具体动作设计。

3. 编排与记录

遵循健身健美操创作编排的原则，按照总体方案逐节设计具体动作并记录下来。

4. 练习与调整

按设计好的动作进行练习。在练习过程中进行多方面的检查，包括运动量和强度的测试，对整套操结构顺序的合理性和艺术性的检查等。根据测试结果、练习者的反馈信息及创作编排者的观察研究，对该套健身操进行适当的修改、调整。

任务实训

1. 小组成员互相合作，按照已制订好的计划来实施，在实施中不断地完善计划方案。

2. 教师监控整个计划的实施过程，当发现小组成员有困难时给予一定的帮助。

3. 教师引导各小组用理论指导实践，按照由简单到复杂、由单个到组合的学习规律进行训练。小组成员之间要互相纠正错误动作。

4. 小组成员创作动作组合并配合音乐、语言讲解。小组成员练习时要反复练习组合动作，使动作达到熟练，进而能自然大方、规范得体地表现出来，从而获得学习的成就感。健美操训练任务实施计划表如表 4–1 所示。

表 4–1 健美操训练任务实施计划表

任务名称	健美操训练		
班　　级		姓　　名	
小组名称		小组组长	
小组成员			
任务时间安排（　　年　　月　　日—　　年　　月　　日）			
查阅相关资料情况			

续表

对任务核心理论与技能的理解与总结	
制订训练计划	

续表

训练成果展示	
训练计划完善方案	

成果展示

1．各小组选派代表做任务汇报，包括任务的分析、资料的收集、计划的制订、分工的方案、小组编排的健美操训练方案。

2．小组全体成员进行健美操训练的成果展示（全程拍摄视频），展示时，要有语言讲解并配合音乐完成。

3．将成果展示视频集中存放。

评估反馈

对健美操训练的成果进行评估、反馈并填写表 4–2。

表 4–2　健美操训练评估、反馈表

任务名称	健美操训练		
班　　级		姓　　名	
小组名称		小组组长	
小组成员			
资料收集情况（15 分）			
计划制订情况（15 分）			
计划实施情况（15 分）			
成果展示情况	动作规范（20 分）	情境模拟环节（15 分）	语言讲解（20 分）
小组自评（30%）			
小组间互评（30%）			
教师评价（40%）			
总分			

任务二　瑜伽训练

任务描述

以小组为单位进行瑜伽训练。

1. 每位同学用相机或手机等工具拍下本校相关兴趣社团进行瑜伽训练时的照片和视频。
2. 每位同学通过网络、书籍等途径查找瑜伽训练的动作要求。
3. 小组内讨论、分析、比较各种瑜伽训练的姿态。
4. 小组制订瑜伽训练计划。
5. 实施瑜伽训练计划。
6. 以小组为单位进行成果展示，要求将各种姿势编成动作组合并有语言的介绍，整套动作组合配合音乐完成。
7. 评估反馈。

任务分析

“瑜伽”这个词，来自印度梵语，其含义为“一致”“结合”“和谐”。瑜伽是一个通过提升意识，帮助人们充分发挥潜能的哲学体系及在此哲学体系指导下的运动体系。瑜伽运用古老的方法，提高人们生理、心理、情感和精神方面的能力，是一种促进身体、心灵与精神和谐统一的运动形式。

知识结构图

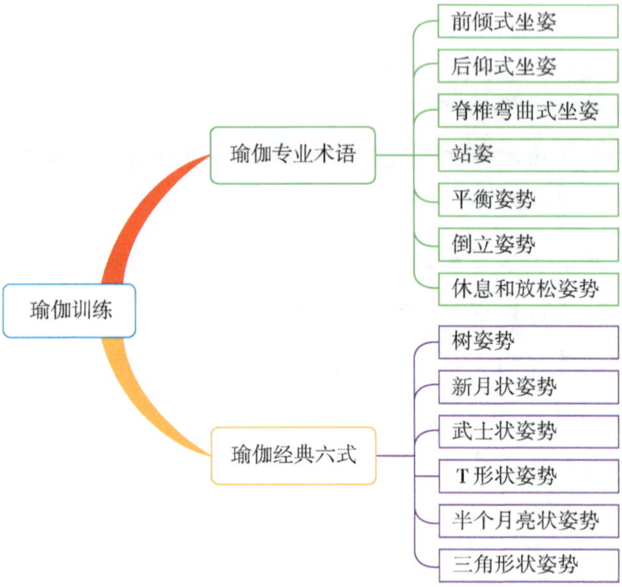
瑜伽训练
瑜伽专业术语
前倾式坐姿
后仰式坐姿
脊椎弯曲式坐姿
站姿
平衡姿势
倒立姿势
休息和放松姿势
瑜伽经典六式
树姿势
新月状姿势
武士状姿势
T形状姿势
半个月亮状姿势
三角形状姿势

学习笔记

核心理论与技能

一　瑜伽专业术语

（一）前倾式坐姿

向前倾的坐姿不仅能安抚整个神经系统，还能使大脑镇定下来。特别是对初学瑜伽的人来说，前倾式坐姿要比站姿更容易完成一些，因为完成许多瑜伽站姿需要多花一点力气，而且要具备一定的平衡能力。一般来说，只要前倾式坐姿练好了，就为练习站姿打好了基础。前倾式坐姿还为高血压和其他疾病的患者提供了一个改善病情的锻炼方式。

前倾式坐姿主要分为钻石式坐姿、束角式坐姿、跨骑式坐姿、单腿交换伸展式坐姿、射箭式坐姿、背部伸展式坐姿、牛面式坐姿、船式坐姿等。

（二）后仰式坐姿

后仰式坐姿一般要求身体强而有力，而前倾式坐姿则要求身体具备灵活性。后仰式坐姿还是加固和调养身体的很好方式，特别是对背部、腿部和臀部的肌肉。如果你觉得自己不具备做后仰式坐姿的力量，那么请先练习难度较低的站姿，例如战士式站姿。

（1）后仰式坐姿能增强脊椎骨的灵活性并保持脊椎的弹性，还能通过增加脊椎区域和从脊椎伸出来的神经的血液供应，从而使神经系统受益。

（2）后仰式坐姿能伸展腹部区域，能在很大程度上帮助消化。伸展腹部区域能锻炼腹部肌肉和消化器官，后仰式坐姿能扩展和打开胸部区域，增加肩膀的灵活性，从而帮助胸部得到更大的扩展，进而为深呼吸创造更好的条件。后仰式坐姿还能使大脑受益，在身体保持后仰时，大脑也会进入被动的平静状态。

（3）后仰式坐姿能影响到许多器官。例如，每当脖子伸直或抬起时，喉咙部位就能得到锻炼。

后仰式坐姿主要分为猫伸展式坐姿、骆驼式坐姿、眼镜蛇式坐姿、蝗虫式坐姿、弓式坐姿、鱼式坐姿、狗伸展式坐姿、桥式坐姿等。

（三）脊椎弯曲式坐姿

脊椎弯曲式坐姿能有效地弯曲腰部以上的脊椎。这些姿势能够温柔地按摩腹部区域的内脏，并提供新鲜的血液滋养这些器官。脊椎弯曲式坐姿还能扩展胸部，为更好地呼吸创造条件。脊椎弯曲式坐姿让神经系统的神经中枢重新焕发活力，这些神经中枢从脊椎一直延伸到身体许多部位，所以脊椎弯曲式坐姿对神经系统的影响比任何其他的姿势都大，特别是对迷走神经的影响更甚。脊椎弯曲式坐姿具备使大脑平静下来的作用，所以它能让人的心情放松。

（四）站姿

站姿主要分为山式站姿、蹲伏式站姿、弯腰伸展式站姿、侧面弯腰伸展式站姿、战士第一式站姿、战士第二式站姿、三角伸展式站姿、旋转三角式站姿和侧三角伸展式站姿等。

（五）平衡姿势

平衡姿势是指通过平衡或均等地使用身体，使身体灵活地移动，使四肢更加协调。平衡姿势让大脑宁静，注意力集中。

平衡姿势主要分为树式平衡姿势、战士第三式平衡姿势、半月式平衡姿势、鹰式平衡姿势、舞蹈式平衡姿势、平衡式平衡姿势、支架式平衡姿势、斜支架式平衡姿势、孔雀式平衡姿势、后仰支架式平衡姿势、乌鸦式平衡姿势和手倒立式平衡姿势等。

（六）倒立姿势

倒立姿势是瑜伽训练中不可或缺的动作。倒立姿势能通过各种各样的方式影响身体的机能，使我们得到生理、心理和精神上的益处，而且这些姿势还能使整个身体系统充满活力。例如，倒立姿势能消除疲劳、缓解失眠、头痛、静脉曲张、消化系统疾病，以及紧张情绪和焦虑。

倒立姿势主要分为犁式倒立姿势、蝎子式倒立姿势和头倒立式倒立姿势等。

（七）休息和放松姿势

休息和放松姿势主要分为仰卧放松功、卧英雄功、半身仰卧放松功。

二　瑜伽经典六式

瑜伽能修饰身材曲线，长期练习可瘦身并适度调整体型。当利用丹田进行腹部深呼吸，使体内供氧量充足时，再借助练习各种瑜伽姿势，能充分伸展身体的肌肉与韧带，对训练筋骨的柔软度有相当好的效果。瑜伽还能刺激神经系统，促进新陈代谢。

本书介绍瑜伽的 6 个经典动作，这些动作简单易行，只要一小块空地就可以进行练习。这些动作可以帮助练习者消除压力，保持一颗平静的心，增强身体的灵活性、平衡性。

（一）树姿势

双脚并拢，以山的姿势开始，脚趾充分张开伸长，用大腿肌肉来带动膝关节附近的肌肉。伸直脊柱，挺起胸和肩膀。双手合十做一个祷告动作，拇指贴近胸部，肘部弯屈接近身体。然后左脚抬起，紧紧地贴在右腿内侧（必要的时候可以使用手来帮助），右腿一定要保持直立的姿势，坚持 5 次深呼吸的时间。如果灵活性和柔软性比较差的话，可以把左脚放到小腿或脚关节的位置，此时，身体就像一棵树一样，扎根在地球上。树姿势如图 4–16 所示。

图 4–16　树姿势

（二）新月状姿势

从树姿势开始，左脚向后迈一大步，脚跟提起，腿伸直，弯屈右腿膝盖，前后成一条直线，手臂向上举，双手合拢，向下压肩膀和后背，保持5次深呼吸的时间。新月状姿势如图4–17所示。

图4–17　新月状姿势

（三）武士状姿势

从新月状姿势开始，将左脚放平，脚趾转30度，腿部仍然伸直，臀部转90度。右脚跟与左脚背保持一条线，右膝盖保持在90度左右，臀部、身体和肩膀放松，双臂平伸，与肩同高，手心向下，使劲伸指尖，眼睛集中在右手的中指上，保持5次深呼吸的时间。武士状姿势如图4–18所示。

图4–18　武士状姿势

（四）T形状姿势

从武士状姿势开始，把手放在臀部上，上身直着向前倾，抬起左脚，寻找平衡，然后上身完全向前，提起左腿直到身体和左腿成一条直线。保持臀部正直，脸朝向地板。双臂在身体两侧伸直，保持 5 次深呼吸的时间。如果做这个动作难度太大，可先把腿架在一把椅子上。T 形状姿势如图 4–19 所示。

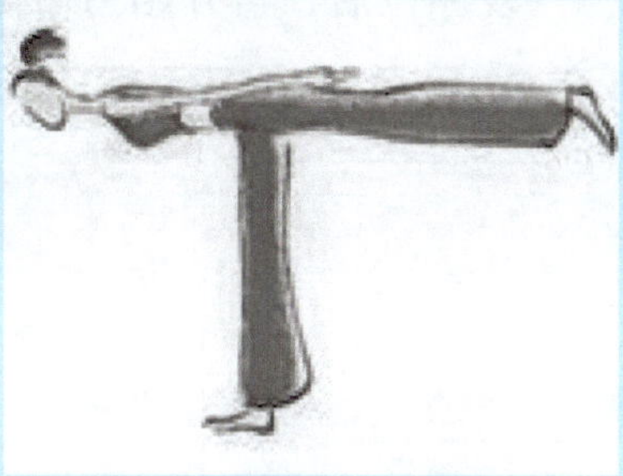

图 4–19　T 形状姿势

（五）半个月亮状姿势

从 T 形状姿势开始，右手的指尖触摸在地板上（如果不能触到地板，可以垫些物品如书本等），转移重量到右手和右腿。左脚离开地板，旋转左边的肩膀，臀部和左腿形成的直线与地面保持平行，为了更好地保持平衡，抬头向上看，保持 5 次深呼吸的时间。结束的时候，向前转动躯干和臀部，还原为山的姿势。半个月亮状姿势如图 4–20 所示。

图 4–20　半个月亮状姿势

（六）三角形状姿势

从山的姿势开始，左脚原地不动，脚尖向前。右脚向后迈 2 脚，使右脚脚跟与左脚背成一条直线，之后右脚以脚跟为轴向右转 90 度。两臂侧平举，掌心向下。两腿伸直（如果做不到，左腿膝盖可以弯屈 90 度），躯干和手臂拉长。躯干向体前屈并向左旋转，保持两臂在一条直线上，将右手放在胫骨、脚关节或地板上，抬头向上看。保持 5 次深呼吸时间。恢复原位后，再开始另一侧。三角形状姿势如图 4–21 所示。

图 4–21　三角形状姿势

学 习 笔 记

延伸阅读

一　瑜伽是什么

近年在世界各地兴起的瑜伽，并非只是一种流行的健身运动这么简单。瑜伽是一种非常古老的修炼方法，集哲学、科学和艺术于一身。瑜伽的精神基础是古印度哲学，数千年来，心理、生理和精神上的戒律已成为古印度文化的一个重要组成部分。古代的瑜伽信徒发展了瑜伽体系，因为他们深信通过身体运动和呼吸调控，可以完全控制心智和情感，以及保持身体的健康。古印度人更相信人可以与天合一，他们以不同的瑜伽修炼方法融入日常生活而奉行不渝，将道德、忘我的动作、稳定的头脑、宗教性的责任、冥想进行融合。瑜伽是生理上的动态运动及心灵上的练习，也是应用在每天的生活哲学。瑜伽的最终目标是能控制自己，能驾驭肉身感官，以及能驯服似乎永不休止的内心。瑜伽通过把感官、身体与有意识的呼吸相配合来实现对身体的控制。这些技巧不但对肌肉和骨骼的锻炼有益，也能强化神经系统、内分泌腺体和主要器官的功能，通过激发人体潜在能量来促进身体健康。

瑜伽的“八肢”，即八个达到人和宇宙精神合一的要求：

（1）自我控制：讲求慈悲、不贪婪、正直、纯净、不受欲望束缚等。

（2）遵行：包括洁净身心、知足、克制、修习圣贤古训，以及对天地保持虔诚的心。

（3）瑜伽姿势：稳定和舒服的姿势。

（4）调息法：进行呼吸的控制和能量的处理。

（5）控制感官：进行感官收敛控制练习，这是练习专注力前的预备功。

（6）执持：集中专注力以提升生命之气，这是冥想前的预备功。

（7）禅定：进行冥想练习，以提升生命之气。

（8）入定：超越意识的境界。当身体和感官静止时，看似在睡眠，但头脑仍保持警惕。

二　瑜伽的三大功能

（一）保持青春

瑜伽认为衰老的原因是身体中毒，即身体长年积存大量毒素，无法排出体外所致。多练习瑜伽姿势，身体会变得强壮，体内不会积存过多胆固醇和脂肪，血压恢复正常，心脏变得更健康。整体健康改善了，人自然更青春、更有活力。瑜伽的每一个姿势都有令身心畅通、提升或恢复元气、冷静头脑、稳定情绪的作用。当人变得健康，心灵变得更豁达、更坚强了，自然能面对生活上种种无形的压力和挫折。

（二）提神醒脑

瑜伽调息法可以调节体内的能量。大部分人是用胸部而非腹部呼吸的，这种呼吸方法不能善用肺部的功能，使氧气不能充分填满肺部，因此并不健康。瑜伽调息法是一种呼吸技巧，它能为脑部提供更多氧气，令整个人的精神状态变得平静和积极，它甚至可以在缩短每日所需的睡眠时间的同时，让头脑保持清晰稳定。

（三）洁净身心

身心长期处于紧张状态，抵抗力便会减弱，疾病自然有机可乘。在瑜伽练习的最后部分，一般都会以“仰卧式”来结束。它有极大的放松及静心作用，给人一种既松弛又平和的感觉。当我们将这份感觉延伸到日常生活中，人际关系便会变得和谐。

三 如何进行瑜伽练习

（一）动作的控制

瑜伽需要在宁静的心境下，将身体加以舒缓地伸展，伸展到你最舒服的位置，你能做到什么程度就在这个程度多保持一会，不要强迫自己感到不舒服。在练习瑜伽的过程中，要学会放松，排除杂念，静心修习，将所有的注意力集中在每一个动作所产生的感觉上，同时不允许心思过于牵挂任何一个部位。虽然没有强拉韧带，瑜伽对锻炼身体的柔韧性却很有帮助。不同年龄、性别的人，只要坚持做常规的瑜伽伸展动作，将它当成一种生活方式，几个星期后就会发现身体的变化。修身之外，瑜伽还讲究修心，这对调节心境，增强生活信心颇有帮助。

瑜伽练习对一个人的肌肉系统、神经系统、内分泌系统、消化系统都非常有益，它可以使人的体形变得更加匀称、线条更加优美；同时其还有安神的功效，不少人练习瑜伽后疲劳感会减少。重在修内的瑜伽还可以平衡身体中的各种腺体，使身体从生理到心理都得到舒缓；瑜伽动作中大量的前弯、后仰、扭动、挤等动作，可以按摩人的内脏器官，对消化系统是非常有益的。有些瑜伽姿势还可以治疗胆结石、腰肌劳损等疾病。

（二）正确姿势

无论何时何地，我们都应保持正确的姿势，如挺胸、收腹、垂肩、适当地放松或收紧膝盖、两脚板平均支撑身体重量等。瑜伽动作无论是站着还是坐着，都要采取正确姿势以保持身体的协调性和平衡性。

（三）正确呼吸

这里所说的“正确呼吸”，并非指瑜伽那套博大精深的“调息法”，而是泛指正确的呼吸方法。只用胸部来呼吸会限制肺部吸入的氧气量和吐出的二氧化碳，同时令呼吸短促，容易造成精神紧张和疲倦。反之，当我们慢慢深呼吸，上腹部分首先会向前推，然后胸下部的横膈膜向左右扩展，最后空气充满整个肺部；呼气时，胸部先放松，最后收缩腹部肌肉，让所有废气呼出体外。瑜伽所重视的，就是这个令身体健康起来的正确呼吸法。它能大大增加肺部吸入的氧气量，也能使肺部排出更多二氧化碳，令人精神抖擞。

（四）调息法和冥想

瑜伽的调息法是一套有治疗效用的呼吸法，其原理是透过有规律地吸气和呼气，以及有意识地屏息，使内脏得到适当的刺激和按摩，进而畅通及唤醒潜藏在体内的能量，使能量得以保存、调理和提升。在瑜伽的理论里，当人控制了生命之气，就可以控制宇宙其他能量。至于冥想，并非仅仅是简单地使身体和心情放松休息下来，冥想是有意识地把注意力集中在某一点或想法上，在长时间反复练习下，使大脑进入更高的意识（类似禅的“入定”），最终达到天人合一的境界。“调息法”及“冥想”是较高层次的瑜伽术，并不适宜自学，初学者必须先练习各个瑜伽姿势，待充分掌握后才可学习它们。此外，患有任何精神科疾病的人士，更不可练习“调息法”或“冥想”，以免造成危险。简单而言，胡乱练习“调息法”或冥想会对健康造成不少伤害。若对这两个科目有兴趣，可找专业的瑜伽导师学习。

（五）时间的控制

（1）瑜伽最好在饭后二小时后练习，练习前可先喝点水。

（2）清晨是瑜伽练习的最佳时间，傍晚或其他时间也可以练习。一般早晨可以练习体位法，晚上多练习冥想，每天练习四十分钟左右。

（3）傍晚时人体动作一般比较灵活，所以瑜伽姿势会做得比较到位，傍晚时练习瑜伽有助于消除一天的疲劳，让人恢复精力。

（六）地点

练习瑜伽的地点格外重要。在烦扰的都市里，人们很难找到田园或是森林来练习，所以应尽可能选择一个安静、干净、舒适和通风的房间。练习时，应关掉所有电视、电话、收音机，可播放轻柔的音乐来帮助松弛神经。

（七）铺地的垫子

应选择一张由天然材料做成的、薄厚合适的垫子，太软或太硬都不好，垫子一定要支撑好自己的脊柱。

（八）着装

由于瑜伽有大量扭曲和伸展躯干、四肢的动作，因此最好是穿着宽松的衣服来做，在开始练习前，应除去手表、腰带及其他饰物。

（九）饮食

练习瑜伽须空腹，所以应尽量在饭前或饭后二小时后练习。尽量避免进食一些过于油腻、辛辣和容易导致胃酸过多的食物。瑜伽练习结束 30 ~ 40 分钟后方可进食。练习时，可喝一点清水以帮助排出体内毒素。

（十）警言

（1）在做瑜伽姿势练习时，不要勉强自己做高难度动作，切记不要强行做自己做不到的动作。初学者可能会发现自己的肌肉或韧带僵硬，经过几个星期的常规练习之后，自己的肌肉与韧带的弹性和柔韧性都会提高。练习时，请细心聆听身体发出的信息。若有任何不适或疲倦，要慢慢停下来休息。没有特别提示时，用鼻子呼吸，保持呼吸缓慢，不要屏息。

（2）男女老少，都可以练习瑜伽，但是耳鸣或视网膜有问题者应尽量避免做那些颠倒身体的动作。生病时应多休息，不应再消耗体力，可以做一些简单的伸展动作。女性在月经期间也不适宜练习任何倒立动作，但平常多加练习倒立动作及其他瑜伽动作，可改善痛经等问题。瑜伽是一项不带任何竞争性的活动。每个人的身体状态都不一样，因此不应与别人比较。在任何时候，请集中精神，量力而为。

任务实训

1. 小组成员互相合作，按照已制订好的计划来实施，在实施中不断地完善计划方案。

2. 教师监控整个计划的实施过程，当发现小组成员有困难时给予一定的帮助。

3. 教师引导各小组用理论指导实践，按照由简单到复杂、由单个到组合的学习规律进行训练。

4. 小组成员创作动作组合并配合音乐、语言讲解。小组成员练习时要反复练习组合动作，使动作达到熟练，进而能自然大方、规范得体地表现出来，从而获得学习的成就感。瑜伽训练任务实施计划表如表 4–3 所示。

表 4–3　瑜伽训练任务实施计划表

<table>
<tr><td>任务名称</td><td colspan="3">瑜伽训练</td></tr>
<tr><td>班　　级</td><td></td><td>姓　　名</td><td></td></tr>
<tr><td>小组名称</td><td></td><td>小组组长</td><td></td></tr>
<tr><td>小组成员</td><td colspan="3"></td></tr>
<tr><td colspan="4">任务时间安排（　　年　　月　　日—　　年　　月　　日）</td></tr>
<tr><td>查阅相关资料情况</td><td colspan="3"></td></tr>
</table>

续表

对任务核心理论与技能的理解与总结	
制订训练计划	

续表

训练成果展示	
训练计划完善方案	

成果展示

1. 各小组选派代表做任务汇报，包括任务的分析、资料的收集、计划的制订、分工的方案、小组编排的瑜伽训练方案。

2. 小组全体成员进行瑜伽训练的成果展示（全程拍摄视频），展示时，要有语言讲解并配合音乐完成。

3. 将成果展示视频集中存放。

评估反馈

对瑜伽训练的成果进行评估、反馈并填写表 4–4。

表 4–4　瑜伽训练评估、反馈表

任务名称	瑜伽训练		
班　　级		姓　　名	
小组名称		小组组长	
小组成员			
资料收集情况（15 分）			
计划制订情况（15 分）			
计划实施情况（15 分）			
成果展示情况	动作规范（20 分）	情境模拟环节（15 分）	语言讲解（20 分）
小组自评（30%）			
小组间互评（30%）			
教师评价（40%）			
总分			

任务三　华尔兹训练

任务描述

以小组为单位进行华尔兹训练。

1. 每位同学用相机或手机等工具拍下本校相关兴趣社团进行华尔兹训练时的照片和视频。
2. 每位同学通过网络、书籍等途径查找华尔兹训练的动作要求。
3. 小组内讨论、分析、比较各种华尔兹训练的姿态。
4. 小组制订华尔兹训练计划。
5. 实施华尔兹训练计划。
6. 以小组为单位进行成果展示，要求进行华尔兹的现场表演并有语言的介绍，整套动作组合配合音乐完成。
7. 评估反馈。

任务分析

华尔兹作为非常受欢迎的交际舞之一，有非常好的形体训练作用，下面介绍华尔兹的相关知识。

知识结构图

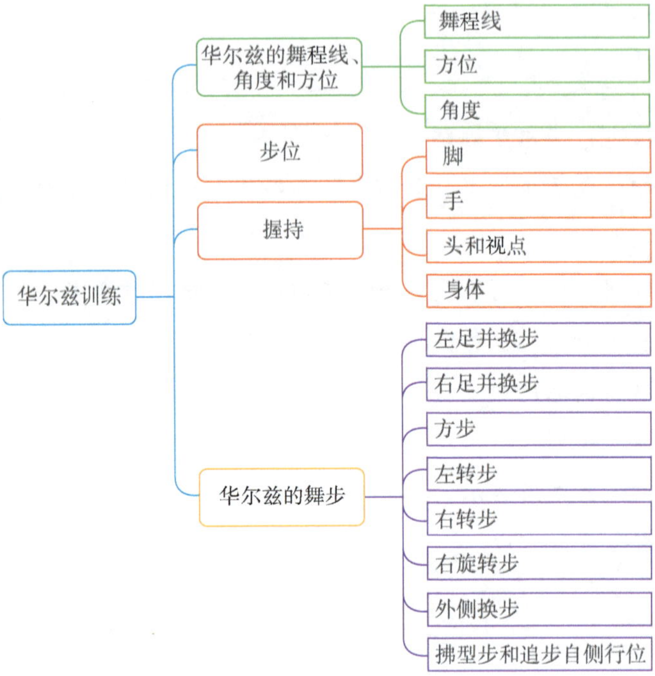
华尔兹训练
华尔兹的舞程线、角度和方位
舞程线
方位
角度
步位
握持
脚
手
头和视点
身体
华尔兹的舞步
左足并换步
右足并换步
方步
左转步
右转步
右旋转步
外侧换步
拂型步和追步自侧行位

学习笔记

核心理论与技能

一　华尔兹的舞程线、角度和方位

1904 年“英国皇家舞蹈教师协会”对多种社交舞进行了统一规范，提出了国际标准交谊舞，简称“国标舞”的概念。“国标舞”分为摩登舞项和拉丁舞项。快、慢华尔兹均包含在摩登舞项中，快、慢华尔兹在竞技比赛和表演时要遵照舞程线、角度和方位规范。

（一）舞程线

舞程线是指华尔兹舞蹈运行的线路。舞者必须沿逆时针方向围绕着舞池中央做连续发展式运动，这个行进线路就叫舞程线。如图 4-22 所示，把靠近主席台一侧的那条线称为 A 线，逆时针方向依次是 B 线、C 线、D 线，再回到 A 线，如此往复循环。

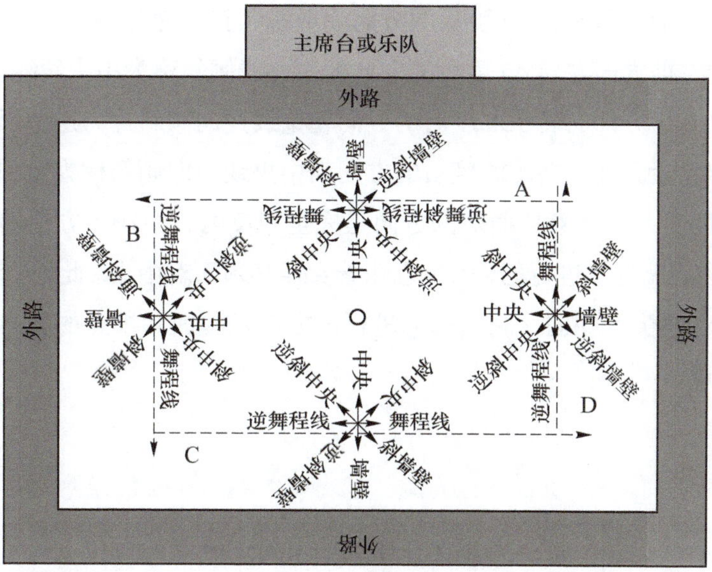

图 4-22　舞程线方位图

（二）方位

方位是指舞者在舞池中身体所对方向的位置。由于舞蹈的运行，不可避免地要涉及前进、后退、左转、右转等诸多复杂的变化，华尔兹十分讲究动作的准确度，为了准确地把握好舞蹈动作的流程和旋转角度，必须确定各种不同位置的方位。

以舞程线方向和它的逆方向为一直线，再以舞池中央方向和观众方向为另一直线，两线交叉点构成一个十字形坐标。于是，运动中的方位，就出现了相对静止的固定关系。无论运行至哪一条线，这种运动中的静止关系都不会发生变化。为了便于旋转度的计算，在十字坐标的基础上，又以 45 度夹角确定了四个斜方向，并以舞程线的顺逆，分别冠以斜和逆斜相区别。这样，便形成了舞程线、斜中央、中央、逆斜中央、逆舞程线、逆斜墙壁、墙壁、斜墙壁八个标准方位。只要舞者沿着舞程线行进，无论到哪个点上，都可以按八条线来区分方位和角度。

（1）男伴面向的是舞程线。

（2）男伴背向的是逆舞程线。

（3）男伴右肩所向即右转 90 度所向为墙壁，称为壁线。

（4）男伴左肩所向即左转 90 度所向为舞池中央，称为中央线。

（5）男伴右前方即右转 45 度后的方向朝壁线倾斜称为壁斜线。

（6）男伴左前方即左转 45 度后的方向朝中央线倾斜称为中央斜线。

（7）男伴右后方即右转 135 度后的方向朝壁线逆向倾斜称为逆壁斜线。

（8）男伴左后方即左转 135 度后的方向朝中央线逆向倾斜称为逆中央斜线。

需要说明的是，男女舞伴面对的方向是完全相反的，但舞步方位的标示只以男伴为准。例如，在面墙位上进行的动作，意味着女伴必须面对中央。此外，说面对某方位，是指身体正面和脚尖的朝向，它与运动进行的方向及脸面和视点的朝向无关，这一点也需要加以注意。

（三）角度

华尔兹对一个组合中每一舞步在开始和结束时所站立的方位、运步的方向及旋转的角度都有严格的规定。旋转的角度有两种计算方法，一种是以 360 度为一周，旋转角度以几分之几周来表示，另一种是以度数来表示旋转的角度。

一 步位

步位指“移动脚”将要到达的位置相对于“重心脚”现在的位置。在华尔兹中，步位共包括左进、左斜进、左叉右斜进、左退、左斜退、左叉右斜退、左横、右进、右斜进、右叉左斜进、右退、右斜退、右叉左斜退、右横 14 个步位。

（1）左进——舞者的左脚向身体前方移动。

（2）左斜进——舞者的左脚向身体左前方移动。

（3）左叉右斜进——舞者的左脚向身体右前方移动。

（4）左退——舞者的左脚向身体后方移动。

（5）左斜退——舞者的左脚向左后方移动。

（6）左叉右斜退——舞者的左脚向身体右后方移动。

（7）左横——舞者的左脚向身体左侧移动。

（8）右进——舞者的右脚向身体前方移动。

（9）右斜进——舞者的右脚向身体右前方移动。

（10）右叉左斜进——舞者的右脚向身体左前方移动。

（11）右退——舞者的右脚向身体后方移动。

（12）右斜退——舞者的右脚向右后方移动。

（13）右叉左斜退——舞者的右脚向身体左后方移动。

（14）右横——舞者的右脚向身体右侧移动。

二 握持

握持，是使共舞双方形成整体性结构的重要手段，其在舞蹈中发挥着不可忽视的作用。握持不仅关系到造型的优美，而且影响着信息的传递、重心的稳定、用力方法的正确与统一，以及特殊技巧的运用等一系列问题。

理想的握持，应当产生这样一种效应——共舞双方是融为一体的。“一个身子两个脑袋四条腿”很好地表达了这种整体感。

华尔兹握持的要点如下：

（一）脚

双脚平行并拢，切不可“八”字形张开；右脚尖对准舞伴的两脚之间；重心集中于前脚掌但不能抬起脚跟。男伴身体重心放在右脚上，女伴身体重心放在左脚上。男女舞伴的右胯相贴。

（二）手

男伴的右手掌心向里，扶在女伴左侧肩胛骨下缘，从肘尖直到指尖形成一条直线、呈斜角状自然斜垂，五指并拢，不能凸起手腕，大臂基本平肩并呈椭圆形展开。女伴左手轻放在男伴右大臂三角肌处，四指并拢，用虎口定位，整个手臂轻放在男伴手臂之上，不可脱离接触。男左手和女右手对握，掌根与地面垂直并互相顶住，整个手臂呈圆弧状向斜上方展开，犹如轻松自如地合撑着一把雨伞。手的高度视具体环境而定，一般在齐耳根和齐眉之间的某一固定点，在大型体育馆里应高一些，在小型舞厅中则可适当低一些。

男伴右手姿势如图 4–23 所示，男伴左手与女伴右手对握姿势如图 4–24 所示。

图 4–23　男伴右手姿势

图 4–24　男伴左手与女伴右手对握姿势

（三）头和视点

在保持双方肩横线平行的前提下，各自的头部向左侧 45 度正侧转，双眼平视前方；女伴还应充分利用胸椎和颈椎的关节功能，从剑突部位起，让胸椎后展 15 度、颈椎再后展 15 度成挺拔式弯曲，形成特有的女性曲线美。

（四）身体

从横隔膜起，直到大腿面止，形成双方身体的微贴。在身体重心上挺，打开“间隔”的基础上，寻找双方的“合力”感。

四 华尔兹的舞步

（一）左足并换步

1. 男士动作

（1）左足前进。

①脚法：跟、趾。

②方位：面向斜墙壁。

③升降：结尾开始上升。

④节奏：1。

（2）右足向侧并稍前方。

①脚法：趾。

②方位：面向斜墙壁。

③升降：继续上升。

④倾斜：左。

⑤节奏：2。

（3）左足并至右足。

①脚法：趾、跟。

②方位：面向斜墙壁。

③升降：继续上升，结尾下降。

④倾斜：左。

⑤节奏：3。

2. 女士动作

（1）右足退后。

①脚法：趾、跟。

②方位：背向斜墙壁。

③升降：结尾开始上升，足不升。

④节奏：1。

（2）左足向侧并稍后方。

①脚法：趾。

②方位：背向斜墙壁。

③升降：继续上升。

④倾斜：右。

⑤节奏：2。

（3）右足并至左足。

①脚法：趾、跟。

②方位：背向斜墙壁。

③升降：继续上升，结尾下降。

④倾斜：右。

⑤节奏：3。

左足并换步如图 4-25 所示。

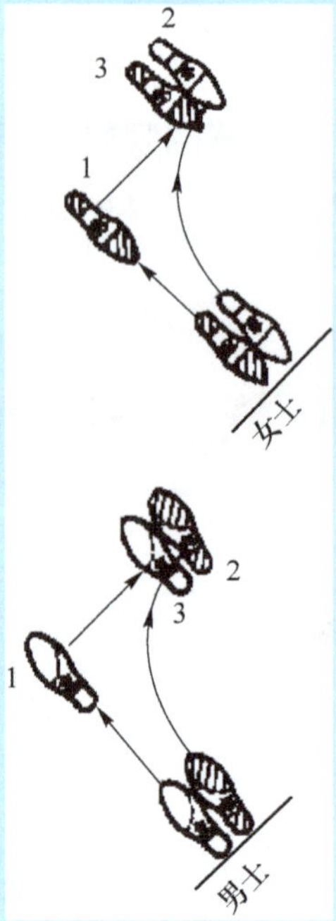

图 4-25　左足并换步

（二）右足并换步

1. 男士动作

（1）右足前进。

①脚法：跟、趾。

②方位：面向斜中央。

③升降：结尾开始上升。

④节奏：1。

（2）左足向侧并稍前方。

①脚法：趾。

②方位：面向斜中央。

③升降：继续上升。

④倾斜：右。

⑤节奏：2。

（3）右足并至左足。

①脚法：趾、跟。

②方位：面向斜中央。

③升降：继续上升，结尾下降。

④倾斜：右。

⑤节奏：3。

2. 女士动作

（1）左足退后。

①脚法：趾、跟。

②方位：背向斜中央。

③升降：结尾开始上升，足不升。

④节奏：1。

（2）右足向侧并稍后方。

①脚法：趾。

②方位：背向斜中央。

③升降：继续上升。

④倾斜：左。

⑤节奏：2。

（3）左足并至右足。

①脚法：趾、跟。

②方位：背向斜中央。

③升降：继续上升，结尾下降。

④倾斜：左。

⑤节奏：3。

右足并换步如图 4-26 所示。

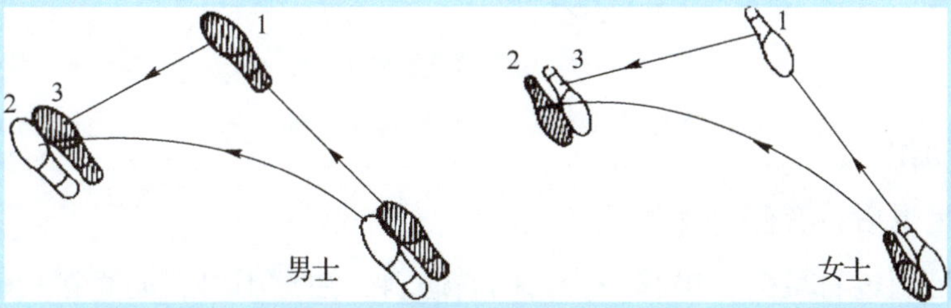

图 4-26 右足并换步

（三）方步

方步是由一个前进基本步和一个后退基本步在运动中构成的。由于约定俗成的男左女右的起步习惯，进左退右和退左进右将造成完全不同的运动轨迹发展方向。为了加以区别，我们将进左退右的形式，叫作前进方步，而将退左进右的方式，叫作后退方步，现在以前进方步为例，进行讲解。

1. 前进方步

1）男士动作

（1）左足前进，有侧身动作。

（2）右足刷过左足旁，横移一步，向左倾斜，注意不可斜向直接跨出。

（3）收左足并拢。留意倾斜和上升运动的保持，注意后半拍重心的交替和下降的转化。

（4）右足退后，有侧身动作。

（5）左足刷过右足旁，横移一步，向右倾斜。不可斜向直接后退。

（6）收右足并拢，留意倾斜和上升运动的保持，注意后半拍重心的交替和下降的转化。

男士方步如图 4–27 所示。

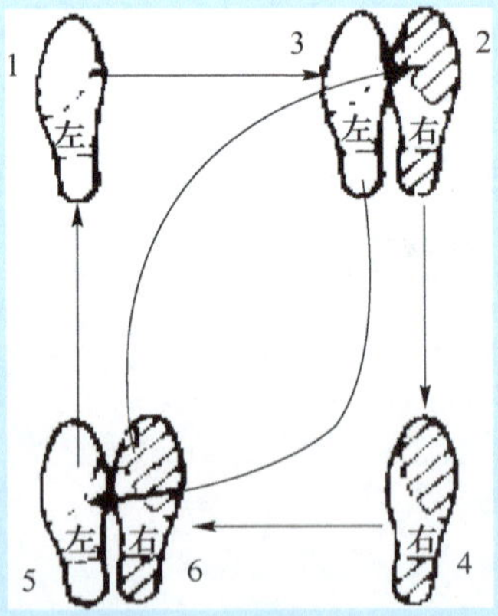

图 4–27　男士方步

2）女士动作

（1）右足退后，有侧身动作。

（2）左足刷过右足旁，横移一步，向右倾斜，注意不可斜向直接后退。

（3）收右足并拢。留意倾斜和上升运动的保持，注意后半拍重心的交替和下降的转化。

（4）左足前进，有侧身动作。

（5）右足刷过左足旁，横移一步，向左倾斜，不可斜向直接跨出。

（6）收左足并拢，注意倾斜和上升运动的保持，注意后半拍重心的交替和下降的转化。

至此，回到了最初的起步点，又可以无限循环地练习下去了。

2. 后退方步

练习前进方步，只能适应进左退右的舞步变化，遇到相反的变化，就无法适应了，所以还要学会和练好后退方步。后退方步和前进方步的要求相同，只是方向略有变化，感兴趣的同学可自主练习。

（四）左转步

1. 男士动作

（1）左足前进。

①脚法：跟、趾。

②方位：面向斜中央。

③升降：结尾开始上升。

④节奏：1。

（2）右足向侧。

①脚法：趾。

②方位：背向斜墙壁。

③升降：继续上升。

④倾斜：左。

⑤节奏：2。

（3）左足并至右足。

①脚法：趾、跟。

②方位：背向舞程线。

③升降：继续上升，结尾下降。

④倾斜：左。

⑤节奏：3。

（4）右足退后。

①脚法：趾、跟。

②方位：背向舞程线。

③升降：结尾开始上升，足不升。

④节奏：1。

（5）左足向侧。

①脚法：趾。

②方位：面向斜墙壁。

③升降：继续上升。

④倾斜：右。

⑤节奏：2。

（6）右足并至左足。

①脚法：趾、跟。

②方位：面向斜墙壁。

③升降：继续上升，结尾下降。

④倾斜：右。

⑤节奏：3。

2. 女士动作

（1）右足退后。

①脚法：趾、跟。

②方位：背向斜中央。

③升降：结尾开始上升，足不升。

④节奏：1。

（2）左足向侧。

①脚法：趾。

②方位：面向斜墙壁。

③升降：继续上升。

④倾斜：右。

⑤节奏：2。

（3）右足并至左足。

①脚法：趾、跟。

②方位：面向舞程线。

③升降：继续上升，结尾下降。

④倾斜：右。

⑤节奏：3。

（4）左足前进。

①脚法：跟、趾。

②方位：面向舞程线。

③升降：结尾开始上升。

④节奏：1。

（5）右足向侧。

①脚法：趾。

②方位：背向斜墙壁。

③升降：继续上升。

④倾斜：左。

⑤节奏：2。

（6）左足并至右足。

①脚法：趾、跟。

②方位：背向斜墙壁。

③升降：继续上升，结尾下降。

④倾斜：左。

⑤节奏：3。

左转步完成的旋转角度为 270 度，即完成 6/8 周旋转。右足并换步衔接左转步组合动作如图 4–28 所示。

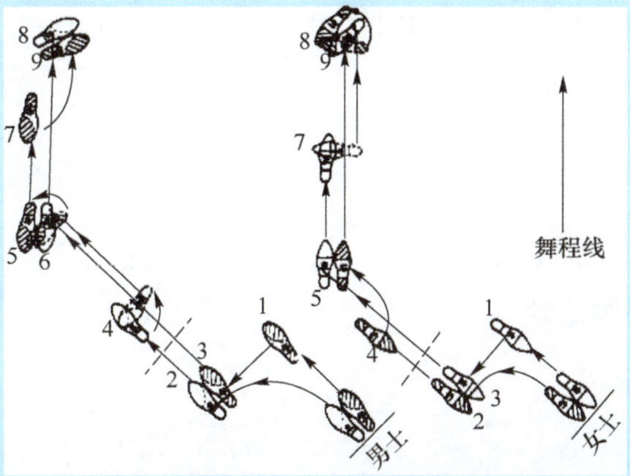

图 4–28　右足并换步衔接左转步组合动作

（五）右转步

1. 男士动作

（1）右足前进。

①脚法：跟、趾。

②方位：面向斜墙壁。

③升降：结尾开始上升。

④节奏：1。

（2）左足向侧。

①脚法：趾。

②方位：背向斜中央。

③升降：继续上升。

④倾斜：右。

⑤节奏：2。

（3）右足并至左足。

①脚法：趾、跟。

②方位：背向舞程线。

③升降：继续上升，结尾下降。

④倾斜：右。

⑤节奏：3。

（4）左足退后。

①脚法：趾、跟。

②方位：背向舞程线。

③升降：结尾开始上升，足不升。

④节奏：1。

（5）右足向侧。

①脚法：趾。

②方位：面向斜中央。

③升降：继续上升。

④倾斜：左。

⑤节奏：2。

（6）左足并至右足。

①脚法：趾、跟。

②方位：面向斜中央。

③升降：继续上升，结尾下降。

④倾斜：左。

⑤节奏：3。

2. 女士动作

（1）左足退后。

①脚法：趾、跟。

②方位：背向斜墙壁。

③升降：结尾开始上升，足不升。

④节奏：1。

（2）右足向侧。

①脚法：趾。

②方位：面向斜中央。

③升降：继续上升。

④倾斜：左。

⑤节奏：2。

（3）左足并至右足。

①脚法：趾、跟。

②方位：面向舞程线。

③升降：继续上升，结尾下降。

④倾斜：左。

⑤节奏：3。

（4）右足前进。

①脚法：跟、趾。

②方位：面向舞程线。

③升降：结尾开始上升。

④节奏：1。

（5）左足向侧。

①脚法：趾。

②方位：背向斜中央。

③升降：继续上升。

④倾斜：右。

⑤节奏：2。

（6）右足并至左足。

①脚法：趾、跟。

②方位：背向斜中央。

③升降：继续上升，结尾下降。

④倾斜：右。

⑤节奏：3。

右转步如图 4–29 所示。

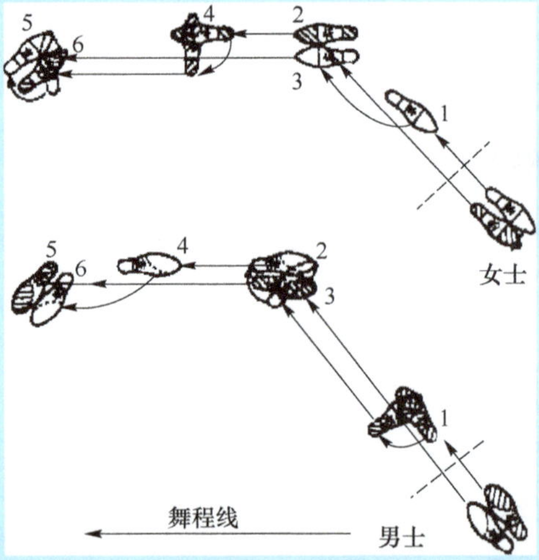

图 4–29　右转步

（六）右旋转步

1. 男士动作

（1）同男士右转步的第（1）步。

（2）同男士右转步的第（2）步。

（3）同男士右转步的第（3）步。

（4）背向舞程线左足后退，扭动胯部使右脚保持在反身动作位置中做轴转（反身动作位置不保持并很快消失，我们就称为“轴转动作”）。

①脚法：趾、跟、趾。

②升降：没有上升，保持曲膝。

③节奏：1。

（5）面向舞程线右足前进。

①脚法：跟到趾做旋转（左脚靠近右脚做旋转）。

②升降：结尾上升。

③节奏：2。

（6）背向斜中央左足向侧并稍后退。

①脚法：趾、跟。

②升降：保持上升，结尾下降。

③节奏：3。

2. 女士动作

（1）同女士右转步的第（1）步。

（2）同女士右转步的第（2）步。

（3）同女士右转步的第（3）步。

（4）面向舞程线右足前进做轴转动作。

①脚法：跟、趾。

②升降：没有上升。

③节奏：1。

（5）背对舞程线左足后退。

①脚法：趾做旋转动作。

②升降：结尾上升。

③节奏：2。

（6）面向斜中央右足向侧并稍前进。

①脚法：趾、跟。

②升降：保持上升，结尾下降。

③节奏：3。

右旋转步完成的旋转角度为450度，即完成$1\frac{1}{4}$周旋转。右旋转步如图4-30所示。

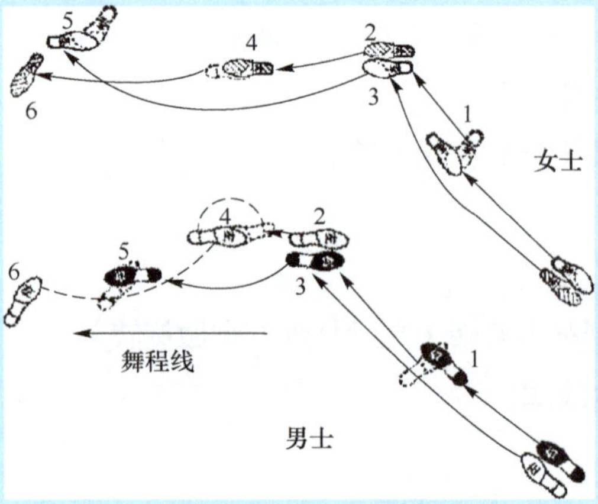

图 4-30 右旋转步

（七）外侧换步

1. 男士动作

（1）左足后退。

①脚法：趾、跟。

②升降：结尾开始上升。

③节奏：1。

（2）右足后退。

①脚法：趾。

②升降：继续上升。

③节奏：2。

（3）左足经右足向后落于侧前方。

①脚法：趾、跟。

②升降：保持上升，结尾下降。

③节奏：3。

（4）在反身位置中，右脚前进。

①脚法：趾。

②节奏：1。

2. 女士动作

（1）右足前进。

①脚法：跟、趾。

②升降：结尾开始上升。

③节奏：1。

（2）左足前进。

①脚法：趾。

②升降：继续上升。

③节奏：2。

（3）右足经左足向前落于侧后方。

①脚法：趾、跟。

②升降：保持上升，结尾下降。

③节奏：3。

（4）在反身位置中，左脚后退。

①脚法：趾。

②节奏：1。

外侧换步完成的旋转角度为 90 度，即完成 1/4 周旋转。外侧换步如图 4–31 所示。

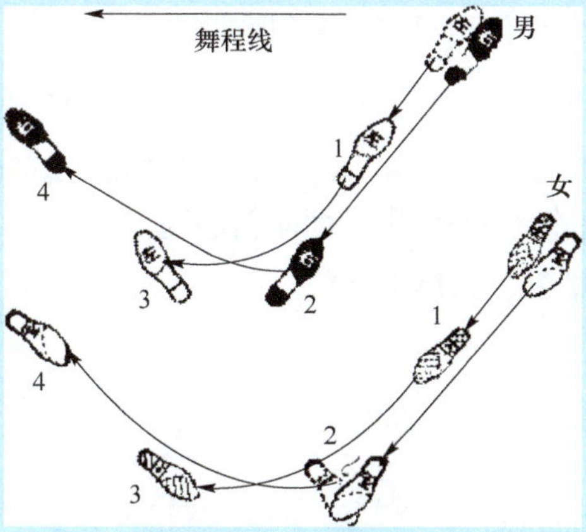

图 4–31　外侧换步

（八）拂型步和追步自侧行位

1. 男士动作

（1）左足前进，面向斜墙壁。

①脚法：跟、趾。

②升降：结尾开始上升。

③节奏：1。

（2）右足向侧并稍前进。

①脚法：趾。

②升降：继续上升。

③节奏：2。

（3）左足在侧行位置下交叉于右足后。

①脚法：趾、跟。

②升降：继续上升，结尾下降。

③节奏：3。

（4）右足沿舞程线踏出。

①脚法：跟、趾。

②升降：结尾开始上升。

③节奏：1。

（5）左足沿舞程线侧踏，面向斜墙壁。

①升降：继续上升。

②节奏：1/2。

（6）右足并至左足与舞伴相对，面向斜墙壁。

①升降：继续上升。

②节奏：1/2。

（7）左足沿舞程线侧踏并稍前进，面向斜墙壁。

①升降：继续上升，结尾下降。

②节奏：1。

2. 女士动作

（1）右足后退，背向斜墙壁。

①脚法：趾、跟。

②升降：结尾开始上升，足不升。

③节奏：1。

（2）左足向侧并稍后退。

①脚法：趾。

②升降：继续上升。

③节奏：2。

（3）右足在侧行位置下交叉于左足后。

①脚法：趾、跟。

②升降：继续上升，结尾下降。

③节奏：3。

（4）左足在侧行位置及反身位置下交叉前进。

①脚法：跟、趾。

②升降：结尾开始上升。

③节奏：1。

（5）右足沿舞程线侧踏，开始左转，背向斜墙壁。

①升降：继续上升。

②节奏：1/2。

（6）左足并至右足与舞伴相对，背向斜墙壁。

①升降：继续上升。

②节奏：1/2。

（7）右足沿舞程线侧踏并稍后退，背向斜墙壁。

①升降：继续上升，结尾下降。

②节奏：1。

拂型步和追步自侧行位如图 4-32 所示。

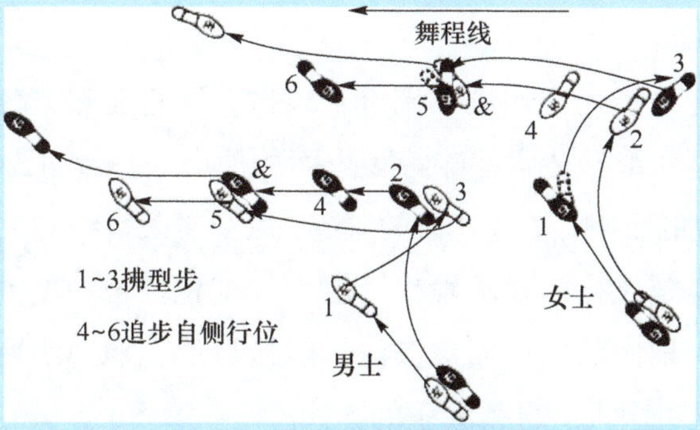

图 4-32　拂型步和追步自侧行位

延伸阅读

华尔兹是最受大众欢迎的交际舞种之一。华尔兹简单易学、音乐优美、舞蹈流畅，给人一种温馨浪漫的感觉。华尔兹又名圆舞，这是因为华尔兹在整个舞蹈过程中，大部分时候都在不停地旋转。

华尔兹来源于欧洲，在18世纪，华尔兹成为极流行的社交舞。华尔兹的舞步与乐曲，都和其他舞步有显著的不同。华尔兹是三拍子的舞步，所以有人称之为快三步舞或慢三步舞。华尔兹舞曲轻快，明朗而动人，舞步如流水般顺畅，令人有飘飘欲仙的感觉。华尔兹比其他一些舞种更有诗意，更温文而雅。这些都是华尔兹能流行百年而成为国际标准舞的主要原因。莫扎特、肖邦、柴可夫斯基、施特劳斯等音乐大师皆写下了不少不朽的华尔兹舞曲。

一 起源与发展

关于华尔兹的发源地，目前世界上有好几种说法。德国人根据这个词来自古德文的事实，提出它产生于德国。法国人认为它最早源于法国的沃尔塔舞。意大利人则根据法文的“沃尔塔”一词来源于意大利语，而认为华尔兹起源于意大利。

尽管华尔兹这种舞蹈形式最早流行于农村，但它能够成为城市民众的舞蹈时尚，却有着社会变革和艺术趣味等多方面的原因。18世纪末的法国大革命及其在欧洲各国造成的影响、工业革命的兴起，以及工人阶级的大规模出现，等等，使人们对自娱性舞蹈风格的要求发生了巨大的变化。曾一度流行的小步舞和加伏特舞因其刻板、拘谨的风格而被淘汰。轻松自然、飘逸洒脱的华尔兹一时间成了人们（特别是法国人）自得其乐的方式。

正如任何新生事物一出现都必然遭到保守势力的反对一样，华尔兹的迅速流行自然受到出于种种目的的人的反对。除了教会说它因男女持抱近、动作旋转过快而不道德、不文明，甚至粗俗邪恶、不堪入目外，还有原来靠教授小步舞和其他宫廷舞为生的人们也视其为眼中钉、肉中刺。华尔兹的简单易学和自由舒畅的特点，吸引了广大的舞者，常常只要在一旁观看一会儿就能学会。这种舞无须像小步舞那样，非得掌握大量复杂的动作才能登场。18 世纪后期，华尔兹进入城市社交舞会，正式跨入英国舞厅，在保守的英国，华尔兹甚至被不少人恨之入骨，惧之如虎。然而，这些阻碍却使得欧洲人更加热衷于华尔兹。法国大革命后，资产阶级立即全面地接受了华尔兹。据统计，仅在 18 世纪末的巴黎，一下子就涌现了 700 多家华尔兹舞厅。1834 年，华尔兹传到了美国，它在美国的第一个落脚点是波士顿，随即传到了纽约和费城，不久之后，在 19 世纪中叶，华尔兹就在美国的社交圈子里扎下了根。20 世纪华尔兹流行于英国和其他欧洲国家并在英国得到了改良和发展，后来人们称经过改良的慢华尔兹为“英国华尔兹”，也就是今天我们所说的慢三（慢三与华尔兹是有区别的，慢三是健身交际舞，适合大众化的健身娱乐活动，而华尔兹是体育舞蹈，具有竞技性，适合专业性或比较固定的人群）。仍然保持热烈欢快，动作敏捷、飞旋的华尔兹成为今天的快三（维也纳华尔兹）。

进行华尔兹训练，要先练好基本步，再学习各种变化步、花样步，以及组合和套路。

二　华尔兹舞的特点

（一）音乐

华尔兹舞深得人心与其音乐的轻松流畅密不可分。华尔兹根据速度分化为快慢两种之后，人们把快华尔兹称为维也纳华尔兹，而不冠以“维也纳”三字的华尔兹则代表慢华尔兹，慢华尔兹是由维也纳华尔兹演变而来的。维也纳华尔兹舞曲节奏轻松明快，为 3/4 拍节奏，每分钟 56 ~ 60 小节。华尔兹（慢华尔兹）的音乐动听、节奏鲜明，也为 3/4 拍节奏，重音在第一拍，每分钟 28 ~ 30 小节，通常是一拍一步，也有三拍一至二步或三拍四至五步的变化形式。

（二）旋转

作为三步舞的华尔兹，其基本步法为一拍跳一步，每小节三拍跳三步，但也有一小节跳两步或四步的特定舞步。快慢两种华尔兹都以旋转为主，因而华尔兹有“圆舞”之称。慢华尔兹因速度慢，除多用旋转外，还演变出许多复杂多姿的舞步，其中有不少舞步在步法上与探戈、狐步舞和快步舞的同名舞步基本相同，只是节奏和风格不同。旋转是华尔兹的精髓，所有的动作都应该柔顺而富有韵律感。基本的转动从反身动作，倾斜，摆荡到起伏一气呵成，形成一个弧线。舞者不能左右摇晃，也不能左右摆头，上身要挺拔而动作又要柔顺。反身动作是转动和旋转的灵魂，反身动作有利于引导转和旋转并能起到动作与动作之间的衔接作用，使舞蹈动作更加柔顺流畅。

（三）重心的起伏

高低起伏是华尔兹的特色，华尔兹的起伏是深波浪的起伏，其在华尔兹升降中有多种形态，通常是渐进式的，大部分的上升在 2 ~ 3 步（即 2 ~ 3 拍）中感受到，第三拍的结尾下降。

华尔兹舞步在速度缓慢的三拍子舞曲中流畅地行进，因有明显的升降动作而如一起一伏连绵不断的波涛，加上轻柔灵巧的倾斜、摆荡、反身和旋转动作，以及各种优美的造型，使其具有既庄重典雅、舒展大方，又华丽多姿、飘逸潇洒的特点。

学习笔记

❄ 任务实训 ❄

1. 小组成员互相合作，按照已制订好的计划来实施，在实施中不断地完善计划方案。

2. 教师监控整个计划的实施过程，当发现小组成员有困难时给予一定的帮助。

3. 教师引导各小组用理论指导实践，按照由简单到复杂、由单个到组合的学习规律进行训练。小组成员之间要互相纠正错误动作。

4. 小组成员创作动作组合并配合音乐、语言讲解。小组成员练习时要反复练习组合动作，使动作达到熟练，进而能自然大方、规范得体地表现出来，从而获得学习的成就感。华尔兹训练任务实施计划表如表 4–5 所示。

表 4–5　华尔兹训练任务实施计划表

任务名称	华尔兹训练		
班　　级		姓　　名	
小组名称		小组组长	
小组成员			
任务时间安排（　　年　　月　　日—　　年　　月　　日）			
查阅相关资料情况			

续表

对任务核心理论与技能的理解与总结	
制订训练计划	

续表

训练成果展示	
训练计划完善方案	

成果展示

1. 各小组选派代表做任务汇报，包括任务的分析、资料的收集、计划的制订、分工的方案、小组编排的华尔兹训练方案。

2. 小组全体成员进行华尔兹训练的成果展示（全程拍摄视频），展示时，要有语言讲解并配合音乐完成。

3. 将成果展示视频集中存放。

评估反馈

对华尔兹训练的成果进行评估、反馈并填写表 4–6。

表 4–6　华尔兹训练评估、反馈表

任务名称	华尔兹训练		
班　　级		姓　　名	
小组名称		小组组长	
小组成员			
资料收集情况（15 分）			
计划制订情况（15 分）			
计划实施情况（15 分）			
成果展示情况	动作规范（20 分）	情境模拟环节（15 分）	语言讲解（20 分）
小组自评（30%）			
小组间互评（30%）			
教师评价（40%）			
总分			

项目整体评价

对气质塑造的训练成果进行评估并填写表 4–7。

表 4–7　气势型造评分表

项目	内容	分数
健美操训练	健美操基本步伐训练（15 分）	
	健美操基本徒手动作训练（15 分）	
瑜伽训练	瑜伽专业术语的理解（5 分）	
	瑜伽经典六式训练（25 分）	
华尔兹训练	华尔兹的舞程线、角度和方位的理解（5 分）	
	步位训练（5 分）	
	握持训练（5 分）	
	华尔兹的舞步训练（25 分）	
合计		

项目思考与练习

1. 自选音乐，进行健美操动作练习并编排健美操动作组合。
2. 自选音乐，进行瑜伽基本动作练习。
3. 自选音乐，进行华尔兹舞步练习。

内在素质提升

文学欣赏

（一）文学的内涵

什么是文学？文学是人类精神活动的一种特殊形式，这个特殊形式是依靠语言来表达人类的生命体验和审美思考的。文学是作家所经历、所感悟到的社会生活在思想中的体现，也是他的经历、成长的环境和个人修养的体现。社会生活在作家的灵魂深处打下了深刻的烙印，作家所记录的经历，可为后来者借鉴，指明人生的方向。文学是文字的学问，我们都生活在文学中。

1. 文学来源于生活

文学起源于劳动，劳动群众是最早的作家。

2. 文学是语言的艺术

1）文学是以语言为媒介的艺术

远在文字产生之前，人类就有了语言，有了语言才有了文学。文学是最原始的，也是最普通的一种艺术。诗歌、戏剧起源于歌唱，例如中国的《诗经》，希腊的《荷马史诗》，原先都是口头传诵，后来才被人用文字写下来。中国语言艺术的极高成就是诗歌，唐代是中国古代诗歌的鼎盛时期，产生了许多伟大的诗人和伟大的诗篇。我们对李白、杜甫、白居易的诗作都很熟悉。

2）文学语言再现人生

文学就是用语言将作者的生活、学习、工作中的所思所感、人生的精神体验表现出来。文学语言的再现性是指把活生生的、丰富多彩的景象和印象“艺术地加以琢磨和发挥”。

3. “文学”是人生的必需品

文学教会我们看世界，了解不同时代、不同民族的理想和信念，教会我们关注自身以外的人与事。

1）文学中人的情感的意义

文学作品可以以情感人。文学告诉我们，人活着需要温饱；但是，只有爱过，才可以说我们真正活过。许多文学作品激发了我们内心的美好情感，使我们的心灵得到了洗礼和净化，产生了共鸣。

2）文学中人的精神力量的意义

自然科学和社会科学提供给人们的是分解地认识世界的各种方法和手段，而文学则有助于人们整体地、综合地把握世界。文学的根本是精神，它是人类精神的创造性展示，是人类情感升华中的耀眼光辉。千百年来，文学之所以在人类的生活中有着不可替代的重要作用，就在于它始终追求人类存在的终极意义，为人类营造一片温馨的精神栖息之地，成为人类心灵的家园。例如作为千古奇书的《红楼梦》留给世人的就是百科全书式的精神食粮。

（二）文学的作用

文学的根本作用是启迪智力。文学对于培养观察、记忆、思维、想象与判断能力都有巨大作用。要会做人、会学习，前提是学好语言文学。

1. 认识人生百态

语言文学覆盖面广泛，上至天文时空，下至地理人文，世事洞明皆学问，人情练达即文章。

2. 塑造人格

文学作品是作家的人生态度、人生追求和人格力量的体现。不畏强权，坚持人的尊严，歌颂人的高尚情操，礼赞崇高的人格力量，肯定人的尊严、人的高贵，这种文学资源在中外文学典籍中并不乏见。

3. 培养审美能力

人们阅读、欣赏文学作品，可以受到美的熏陶、感染，得到美的享受。叶圣陶说过，我们鉴赏文艺，最大目标是接受美感的经验，得到人生的受用。作家陈村说，语文首先是美育。文学为我们打开一扇美的窗户，让我们领略文学百花园的姹紫嫣红。作家始终如一地创设艺术化的情境，创造良好的艺术氛围，就是创造一种审美的氛围，让美的形式作用于人们的兴趣与情感，使人们在不知不觉中聆听到美的声音，体会到充满激情、意蕴深刻、声情并茂的美。

4. 文学影响人生

优秀的文学作品能够鼓舞人、教育人和引导人。

文学鉴赏有着不可低估的社会意义。文学作品的认识作用、教育作用，只有通过欣赏才能完成；离开欣赏，文学作品就无从发挥它的社会作用。文学鉴赏是一个由感情到理智、由形象到逻辑交织进行的复杂过程，最后达到对生活认识和理解的目的。优秀的文学作品能够深深地打动欣赏者的感情；欣赏者在欣赏过程中，也总是希望能从作品中得到感情上的满足，认识上的升华，以及美学上的享受。在这个过程中，文学作品便发挥了它陶冶性情、改造灵魂的作用。经常阅读文学作品既能提高客运服务人员的阅读能力，又能让客运服务人员陶冶情操、增长知识，还能提高客运服务人员的语言表达能力。

参考文献

[1] 张桂兰. 形体训练. 北京：国防工业出版社，2010.

[2] 张岚，田颖华. 健身健美操教程. 武汉：华中科技大学出版社，2009.

[3] 常薏. 形体训练. 北京：高等教育出版社，2002.